ベクトル解析の基礎

水本久夫 著

培風館

まえがき

この本は，大学または工業高専において，微分積分，線形代数の学習をおえた，理工系の学生を対象に書かれた，ベクトル解析の入門的な教科書である．　この本は，１学期間（講義時間90分の授業で14回）で講義できるように，編まれている．

現在の進歩した科学技術に対応して，理工系の各分野で専門的な学問を学習するためには，一般教育での微分積分学，線形代数学の学習だけでは，不十分である．　この本は，その不足をおぎなうことを目的に，ベクトル解析の分野について，その主要な部分を，入門的に，わかりやすく，解説した教科書である．

この本では，数学的に高度な，厳密な証明などはさけ，できるだけわかりやすく，興味をもって，学習することができるように，十分に気を配った．各節（§ 1, § 2, など）のあとにあげた**問**は，難しい問題はさけて，基礎的ないしは基本的で，本文の内容と関連の深いものを採用し，問題を解きながら，本文の内容の理解を深めることができるように，つとめた．　なお，この本の問題のうち，＊印をつけたものは，時間に余裕がある場合に，説明を加えて，教えるのに利用する候補として，あげたものである．　＊印をつけた問題については，かなりくわしい ヒント ないしは，かなりくわしい 解答 をのせておいた．

おわりに，この本の原稿を精読され，組版上の体裁をととのえることに尽力された 神戸千賀子 さんに，心から感謝の意を表したい．

2001年 1 月

著者しるす

目　　次

1

ベクトル

§ 1. ベクトルとその演算

1. ベクトル　平面または空間において，A を始点，B を終点とする **有向線分**（向きをもった線分; **図 1**）を

（1）　$$\overrightarrow{\mathrm{AB}}$$

であらわす.

図 1:　有向線分 $\overrightarrow{\mathrm{AB}}$

> 有向線分について，その位置を問題にしないで，その大きさと向きだけを考えたとき，これを **ベクトル** という.　　　（**ベクトルの定義**）

したがって，有向線分（1）をベクトルと考えたとき，もし，$\overrightarrow{\mathrm{CD}}$ が，$\overrightarrow{\mathrm{AB}}$ から平行移動でえられるならば（**図 2**），

$$\overrightarrow{\mathrm{CD}} = \overrightarrow{\mathrm{AB}}.$$

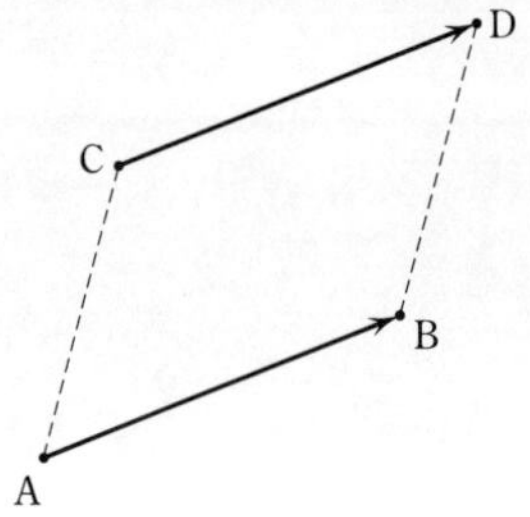

図 2: 有向線分 $\overrightarrow{\mathrm{AB}}$ がベクトルならば，$\overrightarrow{\mathrm{CD}}$ に平行移動しても，同じベクトル: $\overrightarrow{\mathrm{CD}} = \overrightarrow{\mathrm{AB}}$.

ベクトルをあらわす記号としては，(1)のあらわし方のほかに，太文字:

$$\boldsymbol{a}, \quad \boldsymbol{b}, \quad \boldsymbol{c}, \quad \cdots, \quad \boldsymbol{x}, \quad \boldsymbol{y}, \quad \boldsymbol{z}, \quad \cdots, \qquad \text{など}$$

を用いる.

ベクトル $\boldsymbol{a}$ の **大きさ** を，$|\boldsymbol{a}|$ であらわす． したがって，$\boldsymbol{a} = \overrightarrow{\mathrm{AB}}$ のとき，$|\boldsymbol{a}|$ は線分 AB の長さである.

大きさ 1 のベクトルを，**単位ベクトル**，または **正規化されたベクトル** という.

ベクトル $\overrightarrow{\mathrm{AB}}$ において，始点 A と終点 B が一致する場合も，大きさが 0 であるベクトルと考え，これを **零ベクトル** といい，$\mathbf{0}$ であらわす.

ベクトル $\overrightarrow{\mathrm{AB}}$ に対して，大きさが同じで，向きが反対のベクトル $\overrightarrow{\mathrm{BA}}$ を，$\overrightarrow{\mathrm{AB}}$ の **逆ベクトル** という(図 3).

ベクトルのように，大きさと向きをもった量に対して，ふつうの数のように，大きさだけをもって，向きをもたない量を，**スカラー** という.

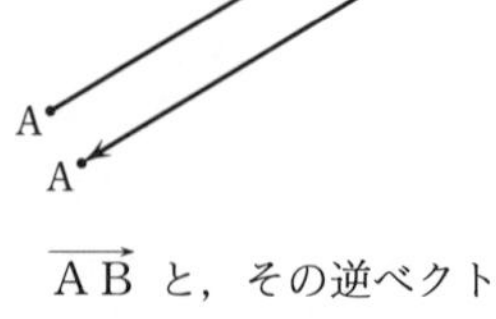

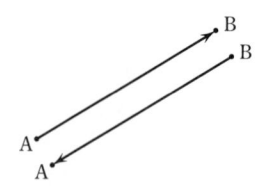

図 3: $\overrightarrow{\mathrm{AB}}$ と，その逆ベクトル $\overrightarrow{\mathrm{BA}}$

2. ベクトルの和とスカラー倍

平面または空間の 2 つのベクトル $\boldsymbol{a}$, $\boldsymbol{b}$ に対して,

$$\overrightarrow{\mathrm{OA}} = \boldsymbol{a}, \quad \overrightarrow{\mathrm{AB}} = \boldsymbol{b}$$

となるように, 点: O, A, B をえらんで,

$$\boldsymbol{a} + \boldsymbol{b} = \overrightarrow{\mathrm{OB}}$$

と定義し, これを $\boldsymbol{a}$ と $\boldsymbol{b}$ の **和** という (図 4).

(**ベクトルの和の定義**)

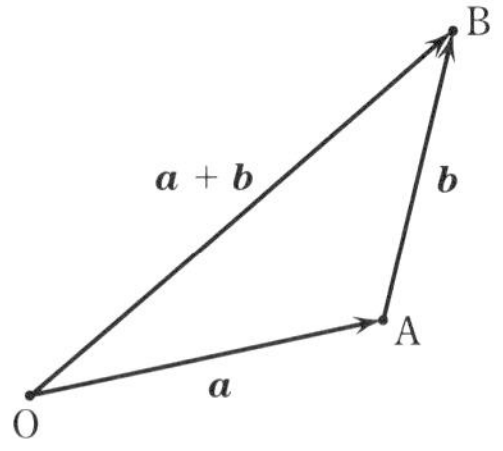

図 4: 和 $\boldsymbol{a}+\boldsymbol{b}$ は $\boldsymbol{a}$ と $\boldsymbol{b}$ を 2 辺にもつ 3 角形の他の 1 辺.

明らかに,

$$\boldsymbol{a} + \boldsymbol{0} = \boldsymbol{a}.$$

ベクトル $\boldsymbol{a} \neq \boldsymbol{0}$ とスカラー (実数) k に対して, $\boldsymbol{a}$ の **スカラー倍** (実数倍) $k\,\boldsymbol{a}$ を,

$k > 0$ ならば, $\boldsymbol{a}$ と同じ向きで, 大きさが k 倍のベクトル,

$k < 0$ ならば, $\boldsymbol{a}$ と反対向きで, 大きさが $|k|$ 倍のベクトル,

$k = 0$ ならば, 零ベクトル,

として定義する. $\boldsymbol{a} = \boldsymbol{0}$ ならば, すべての k に対して, $k\,\boldsymbol{a} = \boldsymbol{0}$ と定義する. (**ベクトルのスカラー倍の定義**)

$(-1)\boldsymbol{a}$ を, $-\boldsymbol{a}$ であらわす: $-\boldsymbol{a} = (-1)\boldsymbol{a}$. $-\boldsymbol{a}$ は, $\boldsymbol{a}$ の逆ベクトルであって,

$$\boldsymbol{a} + (-\boldsymbol{a}) = \boldsymbol{0}.$$

ベクトル $\boldsymbol{a}$, $\boldsymbol{b}$ に対して, **差** $\boldsymbol{b} - \boldsymbol{a}$ は,

$$\boldsymbol{b} - \boldsymbol{a} = \boldsymbol{b} + (-\boldsymbol{a})$$

によって定義される. (**ベクトルの差の定義**)

2つのベクトル $\boldsymbol{a}$, $\boldsymbol{b}$ ($\boldsymbol{a} \neq \boldsymbol{0}$, $\boldsymbol{b} \neq \boldsymbol{0}$) が平行であるとき,

$$\boldsymbol{a} \,/\!/\, \boldsymbol{b}$$

とかく.

スカラー倍 $k\boldsymbol{a}$ の定義から,

> $\boldsymbol{a} \neq \boldsymbol{0}$, $\boldsymbol{b} \neq \boldsymbol{0}$ のとき,
>
> (2) $\boldsymbol{b} = k\boldsymbol{a}. \iff \boldsymbol{a} \,/\!/\, \boldsymbol{b}.$
>
> (**ベクトルの平行条件**)

3. ベクトルの和・スカラー倍の計算法則

> **定理 1**
>
> (i) $\boldsymbol{a} + \boldsymbol{b} = \boldsymbol{b} + \boldsymbol{a}$; (**ベクトルの和の交換法則**)
>
> (ii) $(\boldsymbol{a} + \boldsymbol{b}) + \boldsymbol{c} = \boldsymbol{a} + (\boldsymbol{b} + \boldsymbol{c})$; (**ベクトルの和の結合法則**)
>
> (iii) $k(\boldsymbol{a} + \boldsymbol{b}) = k\boldsymbol{a} + k\boldsymbol{b}$;
>
> (**スカラー倍のベクトルに関する分配法則**)
>
> (iv) $(k + l)\boldsymbol{a} = k\boldsymbol{a} + l\boldsymbol{a}$;
>
> (**スカラー倍のスカラーに関する分配法則**)
>
> (v) $(kl)\boldsymbol{a} = k(l\boldsymbol{a})$. (**ベクトルのスカラー倍の結合法則**)

証明 ベクトルの和の定義, ベクトルのスカラー倍の定義によって, 簡単に, たしかめられる. (証明終)

4. 位置ベクトル

> 平面または空間において, 1点 O (原点) を定めておけば, 任意の点 P は, ベクトル:
>
> (3) $\overrightarrow{\mathrm{OP}} = \boldsymbol{p}$
>
> を定める. 逆に, 任意のベクトル $\boldsymbol{p}$ に対して, (3) 式によって, 一意的に, 1点 P が定まる. (3) 式によって定まるベクトル $\boldsymbol{p}$ を, 点 P の **位置ベクトル** という. (**位置ベクトルの定義**)

2点: A, B の位置ベクトルを, それぞれ, $\boldsymbol{a}$, $\boldsymbol{b}$ とする. そのとき,

$$\overrightarrow{\mathrm{OA}} + \overrightarrow{\mathrm{AB}} = \overrightarrow{\mathrm{OB}}$$

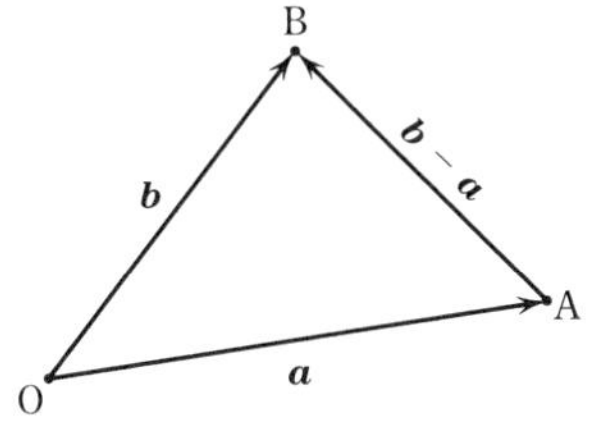

図 5: 2 点: A, B の位置ベクトルを, $\boldsymbol{a}$, $\boldsymbol{b}$ とするとき, $\overrightarrow{AB} = \boldsymbol{b} - \boldsymbol{a}$.

であるから (**図 5**),

(4) $$\overrightarrow{AB} = \overrightarrow{OB} - \overrightarrow{OA} = \boldsymbol{b} - \boldsymbol{a}.$$

(**有向線分の位置ベクトル表示**)

5. ベクトルの成分表示 空間において, O を原点とする直交座標軸: Ox, Oy, Oz を, **右手系** であるようにえらび (**図 6**), x-軸, y-軸, z-軸の正の方向の単位ベクトルを, それぞれ,

$$\overrightarrow{OE_1} = \boldsymbol{i}, \quad \overrightarrow{OE_2} = \boldsymbol{j}, \quad \overrightarrow{OE_3} = \boldsymbol{k}$$

とする (**図 7**).

これらを, 空間の **基本ベクトル** という. 基本ベクトルをあらわす記号としては $\boldsymbol{i}$, $\boldsymbol{j}$, $\boldsymbol{k}$ のほかに, それぞれを, $\boldsymbol{e}_1$, $\boldsymbol{e}_2$, $\boldsymbol{e}_3$ であらわす記号も用いられる.

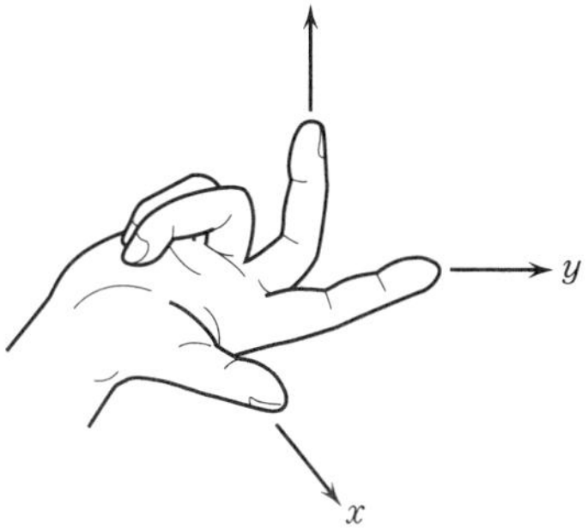

図 6: 右手系

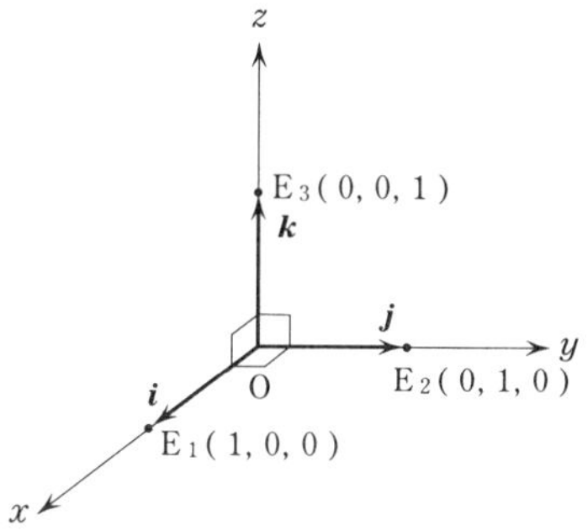

図 7: 空間の基本ベクトル: $\boldsymbol{i}$, $\boldsymbol{j}$, $\boldsymbol{k}$

いま，空間の任意のベクトル $\boldsymbol{a}$ に対して，位置ベクトル:

$$\overrightarrow{\mathrm{OA}} = \boldsymbol{a}$$

によって定まる点 A の座標を (a_1, a_2, a_3) とし，座標: $(a_1, 0, 0)$, $(0, a_2, 0)$, $(0, 0, a_3)$ をもつ点を，それぞれ，A_1, A_2, A_3 とすれば（図 8），

$$\overrightarrow{\mathrm{OA}_1} = a_1\boldsymbol{i}, \quad \overrightarrow{\mathrm{OA}_2} = a_2\boldsymbol{j}, \quad \overrightarrow{\mathrm{OA}_3} = a_3\boldsymbol{k}$$

とあらわせるから，

(5) $$\boldsymbol{a} = a_1\boldsymbol{i} + a_2\boldsymbol{j} + a_3\boldsymbol{k};$$

すなわち，任意のベクトル $\boldsymbol{a}$ は，基本ベクトル: $\boldsymbol{i}$, $\boldsymbol{j}$, $\boldsymbol{k}$ を用いて，(5) 式 のようにあらわせる． a_1, a_2, a_3 を，それぞれ，$\boldsymbol{a}$ の x-**成分**（$\boldsymbol{i}$ -**成分**），y-**成分**（$\boldsymbol{j}$ -**成分**），z-**成分**（$\boldsymbol{k}$ -**成分**）といい，また，これらを，$\boldsymbol{a}$ の **成分** ともいう．

> ベクトル $\boldsymbol{a}$ は，その成分: a_1, a_2, a_3 を用いて，
>
> $$\boldsymbol{a} = (a_1, a_2, a_3)$$
>
> によってもあらわす． **(ベクトルの成分表示)**

2つのベクトル: $\boldsymbol{a} = (a_1, a_2, a_3)$, $\boldsymbol{b} = (b_1, b_2, b_3)$ が等しくなるのは，

$$a_1 = b_1, \quad a_2 = b_2, \quad a_3 = b_3$$

のときにかぎる．

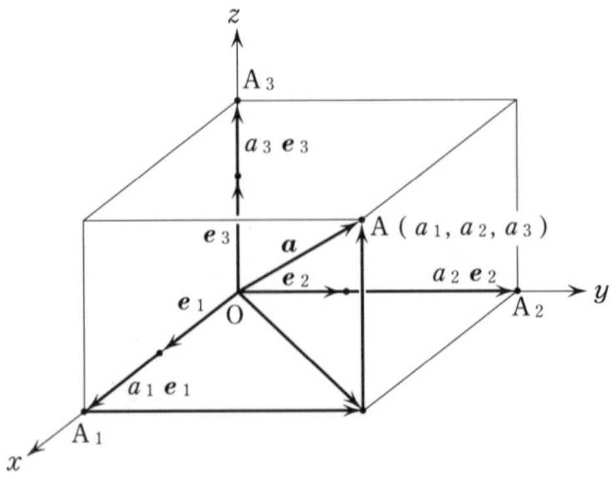

図 8: $\boldsymbol{a} = (a_1, a_2, a_3) = a_1\boldsymbol{i} + a_2\boldsymbol{j} + a_3\boldsymbol{k}$ をしめす図．

基本ベクトル: $\boldsymbol{i}$, $\boldsymbol{j}$, $\boldsymbol{k}$ の成分表示は,

$$\boldsymbol{i} = (1, 0, 0), \quad \boldsymbol{j} = (0, 1, 0), \quad \boldsymbol{k} = (0, 0, 1).$$

前ページの **図 8** を利用すれば,

> $\boldsymbol{a} = (a_1, a_2, a_3)$ のとき, $|\boldsymbol{a}| = \sqrt{a_1{}^2 + a_2{}^2 + a_3{}^2}$.
>
> **(ベクトルの大きさの成分表示)**

がなりたつことが, 簡単に, しめされる.

6. ベクトルの和・差・スカラー倍の成分表示

> **定理 2** $\boldsymbol{a} = (a_1, a_2, a_3)$, $\boldsymbol{b} = (b_1, b_2, b_3)$ のとき,
>
> (i) $\boldsymbol{a} + \boldsymbol{b} = (a_1 + b_1, a_2 + b_2, a_3 + b_3)$;
>
> **(ベクトルの和の成分表示)**
>
> (ii) $\boldsymbol{a} - \boldsymbol{b} = (a_1 - b_1, a_2 - b_2, a_3 - b_3)$;
>
> **(ベクトルの差の成分表示)**
>
> (iii) $k\boldsymbol{a} = (ka_1, ka_2, ka_3)$.
>
> **(ベクトルのスカラー倍の成分表示)**

証明 ベクトルの基本ベクトル表示 (5) と **定理 1** を利用して, 簡単に, しめされる.

(証明終)

＊問 1. 2 点 A, B の位置ベクトルを, それぞれ, $\boldsymbol{a}$, $\boldsymbol{b}$ とするとき, 直線 AB 上の任意の点 P の位置ベクトル $\boldsymbol{p}$ は, t をパラメターとして,

$$\boldsymbol{p} = (1 - t)\boldsymbol{a} + t\boldsymbol{b} \qquad (-\infty < t < \infty)$$

によってあらわされることを証明せよ.

＊問 2. 空間において, 1 直線上にない 3 点: A, B, C の位置ベクトルを, それぞれ, $\boldsymbol{a}$, $\boldsymbol{b}$, $\boldsymbol{c}$ とするとき, 平面 ABC 上の任意の点 P の位置ベクトル $\boldsymbol{p}$ は, r, s, t をパラメターとして,

$$\boldsymbol{p} = r\boldsymbol{a} + s\boldsymbol{b} + t\boldsymbol{c}$$

$$(r + s + t = 1; \quad -\infty < r < \infty, -\infty < s < \infty, -\infty < t < \infty)$$

によってあらわされることを証明せよ.

§ 2. ベクトルの内積

1. 内　積

2 つのベクトル: $\boldsymbol{a} = \overrightarrow{\mathrm{OA}}$, $\boldsymbol{b} = \overrightarrow{\mathrm{OB}}$ （ $\boldsymbol{a} \neq \boldsymbol{0}$, $\boldsymbol{b} \neq \boldsymbol{0}$ ） のなす角を θ （ $0 \leqq \theta \leqq \pi$ ） とするとき（ 図 1),

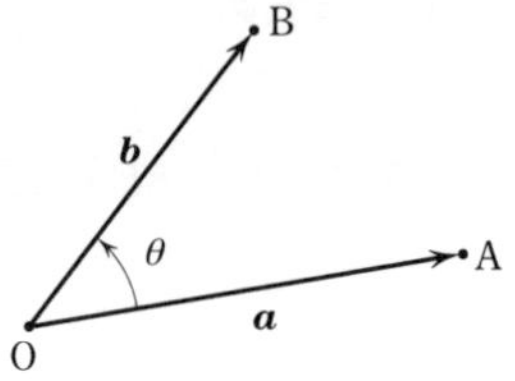

図 1: $\boldsymbol{a} \cdot \boldsymbol{b} = |\boldsymbol{a}|\,|\boldsymbol{b}| \cos\theta$.

$$|\boldsymbol{a}|\,|\boldsymbol{b}| \cos\theta$$

を, $\boldsymbol{a}$ と $\boldsymbol{b}$ の **内積** または **スカラー積** といい, $\boldsymbol{a} \cdot \boldsymbol{b}$ または $(\boldsymbol{a}, \boldsymbol{b})$ であらわす; すなわち,

（ 1 ） $$\boldsymbol{a} \cdot \boldsymbol{b} = (\boldsymbol{a}, \boldsymbol{b}) = |\boldsymbol{a}|\,|\boldsymbol{b}| \cos\theta.$$

$\boldsymbol{a}$, $\boldsymbol{b}$ のうち, 少なくとも一方が $\boldsymbol{0}$ のとき, $\boldsymbol{a} \cdot \boldsymbol{b} = 0$ と定める.

（ **内積・スカラー積の定義** ）

内積の定義で, とくに, $\boldsymbol{b} = \boldsymbol{a}$ の場合には, $\cos\theta = \cos 0 = 1$ だから,

$$\boldsymbol{a} \cdot \boldsymbol{a} = |\boldsymbol{a}|^2.$$

（ 2 ） $$\therefore \quad |\boldsymbol{a}| = \sqrt{\boldsymbol{a} \cdot \boldsymbol{a}}.$$

$\boldsymbol{a} \neq \boldsymbol{0}$, $\boldsymbol{b} \neq \boldsymbol{0}$ のとき, $\boldsymbol{a}$ と $\boldsymbol{b}$ のなす角を θ とすれば, （ 1 ）式 によって,

θ が鋭角ならば, $\boldsymbol{a} \cdot \boldsymbol{b} > 0$,

θ が直角ならば, $\boldsymbol{a} \cdot \boldsymbol{b} = 0$,

θ が鈍角ならば, $\boldsymbol{a} \cdot \boldsymbol{b} < 0$.

2 つのベクトル: $\boldsymbol{a}$, $\boldsymbol{b}$（ $\boldsymbol{a} \neq \boldsymbol{0}$, $\boldsymbol{b} \neq \boldsymbol{0}$ ） が直交しているとき,

$$\boldsymbol{a} \perp \boldsymbol{b}$$

とかく. そのとき, すぐ上にのべたことから, つぎの定理がえられる:

定理　1　$\boldsymbol{a} \neq \boldsymbol{0}$, $\boldsymbol{b} \neq \boldsymbol{0}$ のとき,

$$\boldsymbol{a} \perp \boldsymbol{b}. \quad \Longleftrightarrow \quad \boldsymbol{a} \cdot \boldsymbol{b} = 0.$$

（ **内積によるベクトルの直交条件** ）

$\boldsymbol{a} = \overrightarrow{\mathrm{OA}}$, $\boldsymbol{b} = \overrightarrow{\mathrm{OB}}$ とし, $\overrightarrow{\mathrm{OB}}$ の, 直線 OA への正射影の, 符号をふくめた長さを OB'（ 図 2 ）とする.

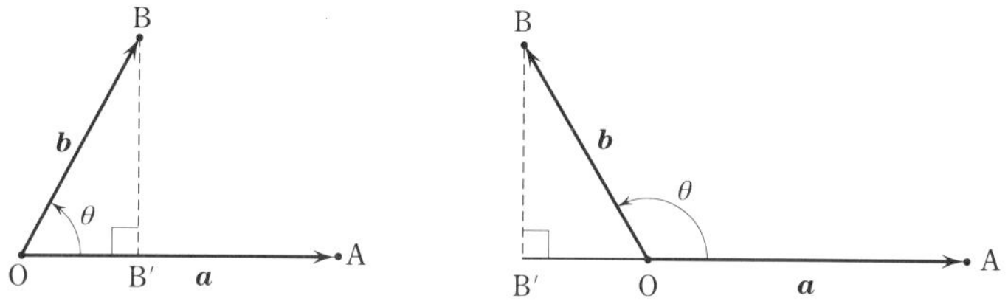

$\mathrm{OB}' > 0$　の場合　　　$\mathrm{OB}' < 0$　の場合

図　2:　OB' は $\overrightarrow{\mathrm{OB}}$ の直線 OA への正射影.
そのとき, $\boldsymbol{a} \cdot \boldsymbol{b} = \mathrm{OA} \cdot \mathrm{OB}'$.

そのとき, 内積の定義（ 1 ）によって,

$$\boldsymbol{a} \cdot \boldsymbol{b} = \mathrm{OA} \cdot \mathrm{OB}'. \tag{3}$$

2.　内積の計算法則

定理　2

（ i ）　$\boldsymbol{a} \cdot \boldsymbol{b} = \boldsymbol{b} \cdot \boldsymbol{a}$;　　（ **内積の交換法則** ）

（ ii ）　$(\boldsymbol{a} + \boldsymbol{b}) \cdot \boldsymbol{c} = \boldsymbol{a} \cdot \boldsymbol{c} + \boldsymbol{b} \cdot \boldsymbol{c}$;　　（ **内積の分配法則** ）

（ iii ）　$(k\,\boldsymbol{a}) \cdot \boldsymbol{b} = k(\boldsymbol{a} \cdot \boldsymbol{b})$.　（ **内積のスカラー倍の結合法則** ）

証明　（ i ）　内積の定義から明らかである.

（ ii ）　内積の定義（ 1 ）と（ 3 ）式 を利用して, 簡単に, しめされる.

（ iii ）　$k = 0$　の場合は, $0 = 0$　でなりたつ.　ほかの場合は, $k > 0$ の場合と　$k < 0$　に分けて考えれば, 定義（ 1 ）から, 簡単に, しめされる.

（ 証明終 ）

3. 内積の成分表示

定理 3 $\boldsymbol{a} = (a_1, a_2, a_3)$, $\boldsymbol{b} = (b_1, b_2, b_3)$ のとき,

$$\boldsymbol{a}\cdot\boldsymbol{b} = a_1 b_1 + a_2 b_2 + a_3 b_3.$$

（**内積の成分表示**）

証明

$$|\boldsymbol{b}-\boldsymbol{a}|^2 = (\boldsymbol{b}-\boldsymbol{a})\cdot(\boldsymbol{b}-\boldsymbol{a})$$
$$= \boldsymbol{b}\cdot\boldsymbol{b} - 2\boldsymbol{a}\cdot\boldsymbol{b} + \boldsymbol{a}\cdot\boldsymbol{a}$$
$$\therefore \quad 2\boldsymbol{a}\cdot\boldsymbol{b} = |\boldsymbol{a}|^2 + |\boldsymbol{b}|^2 - |\boldsymbol{b}-\boldsymbol{a}|^2.$$

ここで,

$$|\boldsymbol{a}|^2 = a_1^2 + a_2^2 + a_3^2, \quad |\boldsymbol{b}|^2 = b_1^2 + b_2^2 + b_3^2,$$
$$|\boldsymbol{b}-\boldsymbol{a}|^2 = (b_1 - a_1)^2 + (b_2 - a_2)^2 + (b_3 - a_3)^2$$

に注意すれば,

$$2\boldsymbol{a}\cdot\boldsymbol{b} = (a_1^2 + a_2^2 + a_3^2) + (b_1^2 + b_2^2 + b_3^2)$$
$$- \{(b_1 - a_1)^2 + (b_2 - a_2)^2 + (b_3 - a_3)^2\}$$
$$= 2a_1 b_1 + 2a_2 b_2 + 2a_3 b_3.$$

（証明終）

定理 4 $\mathbf{0}$ でない 2 つのベクトル:

$$\boldsymbol{a} = (a_1, a_2, a_3), \quad \boldsymbol{b} = (b_1, b_2, b_3)$$

のなす角を θ とするとき,

$$\cos\theta = \frac{\boldsymbol{a}\cdot\boldsymbol{b}}{|\boldsymbol{a}||\boldsymbol{b}|} = \frac{a_1 b_1 + a_2 b_2 + a_3 b_3}{\sqrt{a_1^2 + a_2^2 + a_3^2}\sqrt{b_1^2 + b_2^2 + b_3^2}}.$$

（**ベクトルのなす角の成分表示**）

証明 内積の定義（1）, および, 内積の成分表示:

$$\boldsymbol{a}\cdot\boldsymbol{b} = a_1 b_1 + a_2 b_2 + a_3 b_3$$

と,

$$|\boldsymbol{a}| = \sqrt{a_1^2 + a_2^2 + a_3^2}, \quad |\boldsymbol{b}| = \sqrt{b_1^2 + b_2^2 + b_3^2}$$

から, ただちに, えられる. （証明終）

定理 4 から, とくに,

$$\boldsymbol{a} \perp \boldsymbol{b}. \iff a_1 b_1 + a_2 b_2 + a_3 b_3 = 0.$$

（**内積の成分表示によるベクトルの直交条件**）

4. **$\boldsymbol{a}$, $\boldsymbol{b}$ を 2 辺にもつ平行 4 辺形の面積**　始点 O を共有する 2 つのベクトル: $\boldsymbol{a}=\overrightarrow{\mathrm{OA}}$, $\boldsymbol{b}=\overrightarrow{\mathrm{OB}}$ を 2 辺にもつ平行 4 辺形: OACB (**図 3**) の面積 S を求めよう.

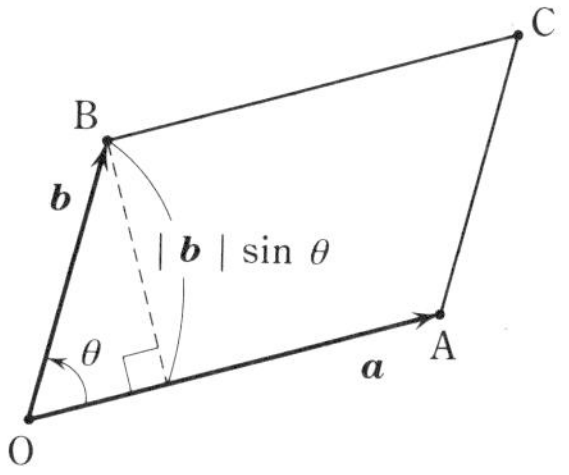

図 3: $\boldsymbol{a}=\overrightarrow{\mathrm{OA}}$, $\boldsymbol{b}=\overrightarrow{\mathrm{OB}}$ を 2 辺にもつ平行 4 辺形.

$\boldsymbol{a}$ と $\boldsymbol{b}$ のなす角を θ とすれば, **図 3** によって,

$$(4) \qquad S = |\boldsymbol{a}||\boldsymbol{b}|\sin\theta.$$

一方, 内積の定義 (1) によって,

$$(5) \qquad \boldsymbol{a}\cdot\boldsymbol{b} = |\boldsymbol{a}||\boldsymbol{b}|\cos\theta$$

(4) 式, (5) 式 から,

$$S = |\boldsymbol{a}||\boldsymbol{b}|\sqrt{1-\cos^2\theta} = \sqrt{|\boldsymbol{a}|^2|\boldsymbol{b}|^2-(|\boldsymbol{a}||\boldsymbol{b}|\cos\theta)^2}$$
$$= \sqrt{|\boldsymbol{a}|^2|\boldsymbol{b}|^2-(\boldsymbol{a}\cdot\boldsymbol{b})^2}.$$

> $\boldsymbol{a}=\overrightarrow{\mathrm{OA}}$, $\boldsymbol{b}=\overrightarrow{\mathrm{OB}}$ を 2 辺にもつ平行 4 辺形の面積 S は,
>
> $$(6) \qquad S=\sqrt{|\boldsymbol{a}|^2|\boldsymbol{b}|^2-(\boldsymbol{a}\cdot\boldsymbol{b})^2}$$
>
> によってあたえられる.　　(**平行 4 辺形の面積の内積による表示**)

問 1.　$|\boldsymbol{a}|=2$, $|\boldsymbol{b}|=4$, $|\boldsymbol{a}+\boldsymbol{b}|=2$ のとき, つぎの内積と絶対値の値を求めよ:

(1) $\boldsymbol{a}\cdot\boldsymbol{b}$.　　　(2) $|\boldsymbol{a}-\boldsymbol{b}|$.

問 2.　つぎの 2 つのベクトル $\boldsymbol{a}$, $\boldsymbol{b}$ のなす角 θ ($0\leqq\theta\leqq\pi$) を求めよ:

(1) $\boldsymbol{a}=(\sqrt{3}, 1)$,　　$\boldsymbol{b}=(\sqrt{3}, -1)$.

(2) $\boldsymbol{a} = (1, -2, 1)$, $\boldsymbol{b} = (1, 1, -2)$.

問 3. ベクトル: $\boldsymbol{a} = (\sqrt{3}, 1, 0)$, $\boldsymbol{b} = (0, -1, \sqrt{3})$ の両方に垂直な単位ベクトルを求めよ.

問 4. 3 点: O(0, 0, 0), A(1, −2, 2), B(3, 4, 0) に対して,

(1) $\overrightarrow{\mathrm{OA}}$ と $\overrightarrow{\mathrm{OB}}$ のなす角を θ とするとき, $\cos\theta$ の値を求めよ.

(2) △OAB の面積を求めよ.

＊問 5. (1) 点 (x_0, y_0, z_0) をとおり, ベクトル $\boldsymbol{a} = (a, b, c)$ $(a^2 + b^2 + c^2 \neq 0)$ に垂直な平面 Π の方程式は, $\boldsymbol{x}_0 = (x_0, y_0, z_0)$ とおき, Π 上の任意の点 P の位置ベクトルを $\boldsymbol{x} = \overrightarrow{\mathrm{OP}} = (x, y, z)$ とするとき,

$$(*) \qquad \boldsymbol{a}\cdot(\boldsymbol{x} - \boldsymbol{x}_0) = 0$$

によってあたえられることを証明せよ.

(2) 方程式 (＊) の成分表示を求めよ.

§ 3. ベクトルの外積

1. ベクトルの外積

空間の平行でない 2 つのベクトル: $\boldsymbol{a}, \boldsymbol{b}$ $(\boldsymbol{a} \neq \boldsymbol{0}, \boldsymbol{b} \neq \boldsymbol{0})$ に対して, 第 3 のベクトル $\boldsymbol{c}$ を, つぎの (i), (ii) をみたすように定める:

(i) $|\boldsymbol{c}| = |\boldsymbol{a}|\,|\boldsymbol{b}|\sin\theta$

(θ は $\boldsymbol{a}$ と $\boldsymbol{b}$ のなす角 $(0 < \theta < \pi)$);

すなわち, $\boldsymbol{a} = \overrightarrow{\mathrm{OA}}$, $\boldsymbol{b} = \overrightarrow{\mathrm{OB}}$ とするとき, $\boldsymbol{c}$ の大きさは, OA, OB を 2 辺とする平行 4 辺形の面積に等しい (図 1);

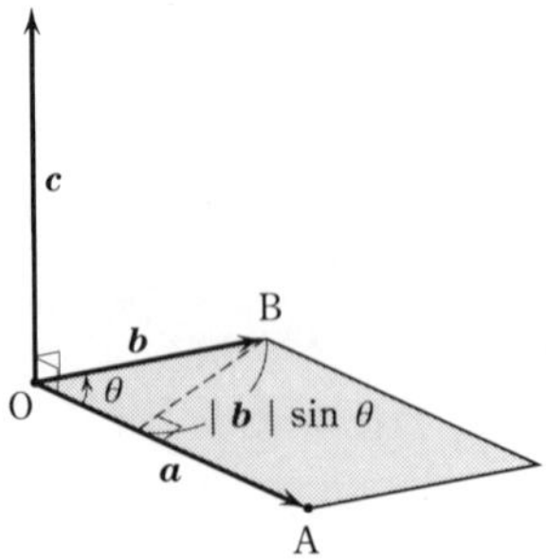

図 1: $\boldsymbol{c} = \boldsymbol{a} \times \boldsymbol{b}$ の定義.
$|\boldsymbol{c}| = |\boldsymbol{a}|\,|\boldsymbol{b}|\sin\theta$
は, 灰色の部分の面積.
$\boldsymbol{c} \perp \boldsymbol{a}$, $\boldsymbol{c} \perp \boldsymbol{b}$.

（ ii ） $\boldsymbol{c}$ の向きは，$\overrightarrow{\mathrm{OA}}$，$\overrightarrow{\mathrm{OB}}$ をふくむ平面に直交し，$\boldsymbol{a}$，$\boldsymbol{b}$，$\boldsymbol{c}$ が，この順序で右手系をなすような向きである（ **図 1** と **図 2** ）.

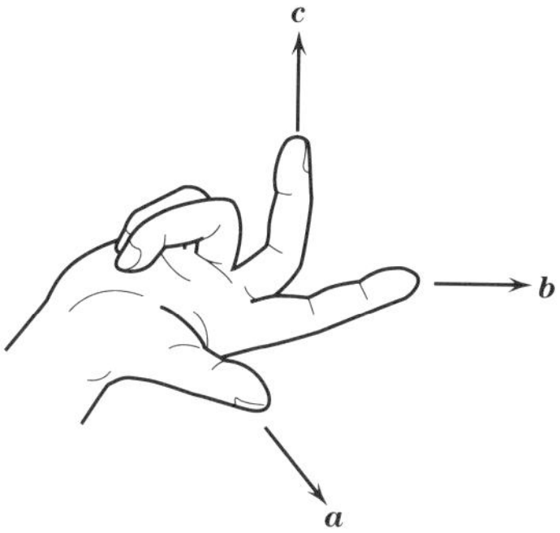

図 2: $\boldsymbol{c} = \boldsymbol{a} \times \boldsymbol{b}$ のとき，$\boldsymbol{a}$，$\boldsymbol{b}$，$\boldsymbol{c}$ は，この順序で右手系.

ベクトル $\boldsymbol{c}$ を $\boldsymbol{a}$ と $\boldsymbol{b}$ の **外積** または **ベクトル積** といい，

$$\boldsymbol{c} = \boldsymbol{a} \times \boldsymbol{b}$$

であらわす.

$\boldsymbol{a} = \boldsymbol{0}$ または $\boldsymbol{b} = \boldsymbol{0}$ または $\boldsymbol{a} /\!/ \boldsymbol{b}$ のときは，$\boldsymbol{a} \times \boldsymbol{b} = \boldsymbol{0}$ と定義する. （ **外積・ベクトル積の定義** ）

ベクトル積の定義によって，つぎの同値関係がなりたつ:

$\boldsymbol{a} \neq \boldsymbol{0}$，$\boldsymbol{b} \neq \boldsymbol{0}$ のとき，

$$\boldsymbol{a} /\!/ \boldsymbol{b}. \iff \boldsymbol{a} \times \boldsymbol{b} = \boldsymbol{0}.$$

（ **外積によるベクトルの平行条件** ）

外積の定義の（ i ）によって，$\boldsymbol{a} = \overrightarrow{\mathrm{OA}}$，$\boldsymbol{b} = \overrightarrow{\mathrm{OB}}$ を 2 辺にもつ平行 4 辺形の面積を S とすれば，

（ 1 ） $$S = |\,\boldsymbol{a} \times \boldsymbol{b}\,|.$$

この式と **§ 2** の（ 6 ）式（ 11 ページ ）から，つぎの結論がえられる:

（ 2 ） $$|\,\boldsymbol{a} \times \boldsymbol{b}\,| = \sqrt{|\,\boldsymbol{a}\,|^2\,|\,\boldsymbol{b}\,|^2 - (\boldsymbol{a} \cdot \boldsymbol{b})^2}$$

であって，この両辺の共通の値は，$\boldsymbol{a} = \overrightarrow{\mathrm{OA}}$，$\boldsymbol{b} = \overrightarrow{\mathrm{OB}}$ を 2 辺にもつ平行 4 辺形の面積に等しい.

2. 外積の計算法則

定理 1 $\boldsymbol{a}, \boldsymbol{b}, \boldsymbol{c}$ を空間のベクトル，k をスカラーとするとき，

(i) $\boldsymbol{a} \times \boldsymbol{a} = \boldsymbol{0}$;

(ii) $\boldsymbol{a} \times \boldsymbol{b} = - \boldsymbol{b} \times \boldsymbol{a}$;

(iii) $(k\boldsymbol{a}) \times \boldsymbol{b} = \boldsymbol{a} \times (k\boldsymbol{b}) = k(\boldsymbol{a} \times \boldsymbol{b})$;

（ **スカラーとベクトル積の結合法則** ）

(iv) $\boldsymbol{a} \times (\boldsymbol{b} + \boldsymbol{c}) = \boldsymbol{a} \times \boldsymbol{b} + \boldsymbol{a} \times \boldsymbol{c}$.

（ **ベクトル積の分配法則** ）

証明 (i), (ii), (iii) については，ベクトル積の定義から，明らかである.

(iv) の証明. $\boldsymbol{a}$ に垂直な 1 つの平面を Π とし，任意のベクトル $\boldsymbol{x}$ の Π 上への射影を $\boldsymbol{x}'$ であらわせば，

$$\boldsymbol{a} \times \boldsymbol{x} = \boldsymbol{a} \times \boldsymbol{x}' \qquad (\text{図 } 3).$$

この等式と，

$$(\boldsymbol{b} + \boldsymbol{c})' = \boldsymbol{b}' + \boldsymbol{c}'$$

に注意すれば，

$$\boldsymbol{a} \times (\boldsymbol{b} + \boldsymbol{c}) = \boldsymbol{a} \times (\boldsymbol{b} + \boldsymbol{c})' = \boldsymbol{a} \times (\boldsymbol{b}' + \boldsymbol{c}'),$$

$$\boldsymbol{a} \times \boldsymbol{b} = \boldsymbol{a} \times \boldsymbol{b}',$$

$$\boldsymbol{a} \times \boldsymbol{c} = \boldsymbol{a} \times \boldsymbol{c}'.$$

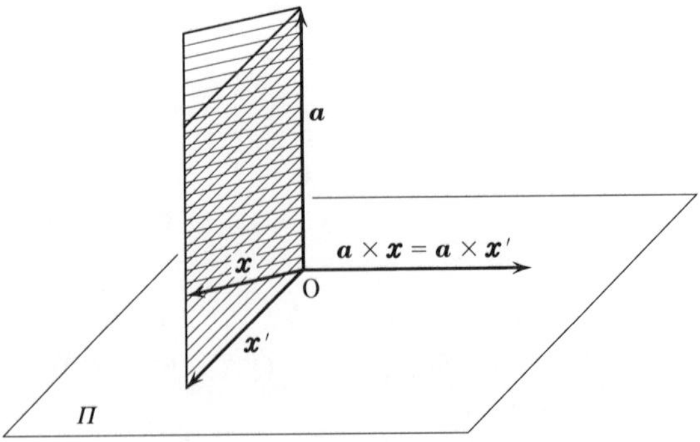

図 3: $\boldsymbol{a} \perp \Pi$. $\boldsymbol{x}'$ は $\boldsymbol{x}$ の Π 上への射影.
そのとき，$\boldsymbol{a} \times \boldsymbol{x} = \boldsymbol{a} \times \boldsymbol{x}'$ をしめす図.

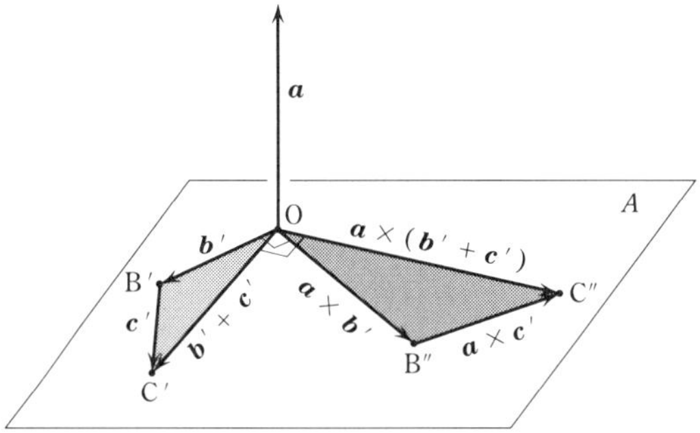

図 4: $\boldsymbol{a}\times(\boldsymbol{b}'+\boldsymbol{c}')=\boldsymbol{a}\times\boldsymbol{b}'+\boldsymbol{a}\times\boldsymbol{c}'$ をしめす図.
$\triangle \mathrm{OB''C''}$ は $\triangle \mathrm{OB'C'}$ を, O のまわりに $\dfrac{\pi}{2}$ 回転して,
$|\boldsymbol{a}|$ 倍したもの.

したがって,

$$\boldsymbol{a}\times(\boldsymbol{b}'+\boldsymbol{c}')=\boldsymbol{a}\times\boldsymbol{b}'+\boldsymbol{a}\times\boldsymbol{c}'$$

を証明すればよい.

まず, ベクトル: $\boldsymbol{a}\times\boldsymbol{b}'$, $\boldsymbol{a}\times\boldsymbol{c}'$, $\boldsymbol{a}\times(\boldsymbol{b}'+\boldsymbol{c}')$ は, 平面 Π 上にのっている. さらに,

$$\boldsymbol{b}'=\overrightarrow{\mathrm{OB'}},\quad \boldsymbol{c}'=\overrightarrow{\mathrm{B'C'}},$$
$$\boldsymbol{a}\times\boldsymbol{b}'=\overrightarrow{\mathrm{OB''}},$$
$$\boldsymbol{a}\times\boldsymbol{c}'=\overrightarrow{\mathrm{B''C''}}$$

とすれば (**図 4**), $\boldsymbol{b}'+\boldsymbol{c}'=\overrightarrow{\mathrm{OC'}}$ であって, $\triangle \mathrm{OB''C''}$ は, $\triangle \mathrm{OB'C'}$ を O のまわりに $\dfrac{\pi}{2}$ 回転して, $|\boldsymbol{a}|$ 倍することによってえられることがわかる. ゆえに, $\overrightarrow{\mathrm{OC''}}$ は $\overrightarrow{\mathrm{OC'}}$ を $\dfrac{\pi}{2}$ 回転して, $|\boldsymbol{a}|$ 倍したものである. したがって,

$$\overrightarrow{\mathrm{OC''}}=\boldsymbol{a}\times(\boldsymbol{b}'+\boldsymbol{c}'). \qquad (\text{証明終})$$

3. 外積の成分表示 空間の基本ベクトルを, $\boldsymbol{i}$, $\boldsymbol{j}$, $\boldsymbol{k}$ とする. そのとき, **定理 1** の (i) によって,

(3) $$\boldsymbol{i}\times\boldsymbol{i}=\boldsymbol{0},\quad \boldsymbol{j}\times\boldsymbol{j}=\boldsymbol{0},\quad \boldsymbol{k}\times\boldsymbol{k}=\boldsymbol{0}.$$

さらに, 外積の定義によって,

(4) $$\boldsymbol{i}\times\boldsymbol{j}=\boldsymbol{k},\quad \boldsymbol{j}\times\boldsymbol{k}=\boldsymbol{i},\quad \boldsymbol{k}\times\boldsymbol{i}=\boldsymbol{j}.$$

任意の 2 つのベクトル:

$$\boldsymbol{a} = a_1\boldsymbol{i} + a_2\boldsymbol{j} + a_3\boldsymbol{k},$$
$$\boldsymbol{b} = b_1\boldsymbol{i} + b_2\boldsymbol{j} + b_3\boldsymbol{k}$$

の外積を, **定理 1** の計算法則と (3), (4) の両式を利用して求めれば,

$$\begin{aligned}\boldsymbol{a}\times\boldsymbol{b} &= (a_1\boldsymbol{i} + a_2\boldsymbol{j} + a_3\boldsymbol{k})\times(b_1\boldsymbol{i} + b_2\boldsymbol{j} + b_3\boldsymbol{k})\\ &= a_1b_1\boldsymbol{i}\times\boldsymbol{i} + a_2b_1\boldsymbol{j}\times\boldsymbol{i} + a_3b_1\boldsymbol{k}\times\boldsymbol{i}\\ &\quad + a_1b_2\boldsymbol{i}\times\boldsymbol{j} + a_2b_2\boldsymbol{j}\times\boldsymbol{j} + a_3b_2\boldsymbol{k}\times\boldsymbol{j}\\ &\quad + a_1b_3\boldsymbol{i}\times\boldsymbol{k} + a_2b_3\boldsymbol{j}\times\boldsymbol{k} + a_3b_3\boldsymbol{k}\times\boldsymbol{k}\\ &= (a_2b_3 - a_3b_2)\boldsymbol{i} + (a_3b_1 - a_1b_3)\boldsymbol{j} + (a_1b_2 - a_2b_1)\boldsymbol{k}.\end{aligned}$$

したがって, つぎの定理がえられる:

定理 2 $\boldsymbol{a} = a_1\boldsymbol{i} + a_2\boldsymbol{j} + a_3\boldsymbol{k},\ \boldsymbol{b} = b_1\boldsymbol{i} + b_2\boldsymbol{j} + b_3\boldsymbol{k}$
のとき,

(5) $\boldsymbol{a}\times\boldsymbol{b}$
$= (a_2b_3 - a_3b_2)\boldsymbol{i} + (a_3b_1 - a_1b_3)\boldsymbol{j} + (a_1b_2 - a_2b_1)\boldsymbol{k}.$

(**外積の成分表示**)

外積 (5) の各成分は, つぎの **図 5** のような規則で計算することができる.

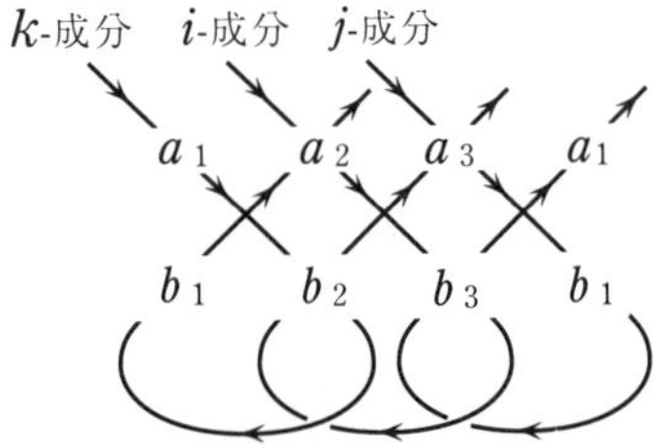

図 5: 外積: $(a_1\boldsymbol{i} + a_2\boldsymbol{j} + a_3\boldsymbol{k})\times(b_1\boldsymbol{i} + b_2\boldsymbol{j} + b_3\boldsymbol{k})$
の求め方.

ここで, 線形代数学における 行列式の展開 を, 形式的に利用すれば, つぎの定理がえられる:

定理 3 $\boldsymbol{a} = a_1\boldsymbol{i} + a_2\boldsymbol{j} + a_3\boldsymbol{k},\ \boldsymbol{b} = b_1\boldsymbol{i} + b_2\boldsymbol{j} + b_3\boldsymbol{k}$
のとき,

$$\boldsymbol{a} \times \boldsymbol{b}$$

$$= (a_2 b_3 - a_3 b_2)\boldsymbol{i} + (a_3 b_1 - a_1 b_3)\boldsymbol{j} + (a_1 b_2 - a_2 b_1)\boldsymbol{k}$$

$$(6) \quad = \begin{vmatrix} a_2 & a_3 \\ b_2 & b_3 \end{vmatrix}\boldsymbol{i} + \begin{vmatrix} a_3 & a_1 \\ b_3 & b_1 \end{vmatrix}\boldsymbol{j} + \begin{vmatrix} a_1 & a_2 \\ b_1 & b_2 \end{vmatrix}\boldsymbol{k}$$

（ **外積の成分表示** ）

$$(7) \quad = \begin{vmatrix} \boldsymbol{i} & \boldsymbol{j} & \boldsymbol{k} \\ a_1 & a_2 & a_3 \\ b_1 & b_2 & b_3 \end{vmatrix}.$$

（ **外積の行列式表示** ）

4. $\boldsymbol{a}, \boldsymbol{b}, \boldsymbol{c}$ **を 3 辺にもつ平行 6 面体の体積**　始点 O を共有する 3 つのベクトル: $\boldsymbol{a} = \overrightarrow{\mathrm{OA}}$, $\boldsymbol{b} = \overrightarrow{\mathrm{OB}}$, $\boldsymbol{c} = \overrightarrow{\mathrm{OC}}$ を 3 辺にもつ平行 6 面体（ **図 6** ）の体積 V を，外積と内積を利用して求めよう.

ベクトル積 $\boldsymbol{a} \times \boldsymbol{b}$ の定義によって，$\overrightarrow{\mathrm{OA}}$, $\overrightarrow{\mathrm{OB}}$ を 2 辺にもつ平行 4 辺形の面積は，$S = |\boldsymbol{a} \times \boldsymbol{b}|$ で，$\boldsymbol{a} \times \boldsymbol{b}$ の向きは，この平行 4 辺形に垂直の向き（ **図 6** ）.　したがって，$\boldsymbol{a} \times \boldsymbol{b}$ と $\boldsymbol{c}$ のなす角を θ とすれば，

$$(\boldsymbol{a} \times \boldsymbol{b}) \cdot \boldsymbol{c} = |\boldsymbol{a} \times \boldsymbol{b}|\,|\boldsymbol{c}| \cos\theta = S \cdot |\boldsymbol{c}| \cos\theta.$$

ここで，$\boldsymbol{a}, \boldsymbol{b}, \boldsymbol{c}$ が，この順序で，右手系（ 左手系 ）であるとき，$\cos\theta > 0$

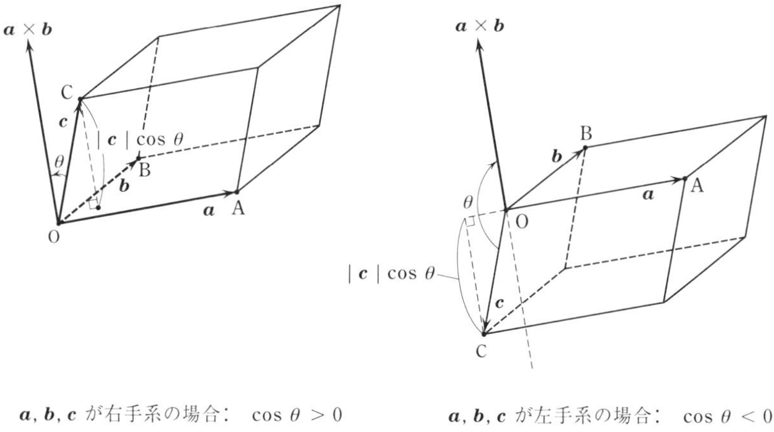

図　6:　$\boldsymbol{a} = \overrightarrow{\mathrm{OA}}$, $\boldsymbol{b} = \overrightarrow{\mathrm{OB}}$, $\boldsymbol{c} = \overrightarrow{\mathrm{OC}}$ を 3 辺にもつ平行 6 面体.

($\cos\theta < 0$) となり，$|\boldsymbol{c}|\cos\theta$ は，点 C から平行 4 辺形におろした符号をふくめた垂線の長さになっている (**図 6**). したがって，

$$(8)\qquad V = \pm(\boldsymbol{a}\times\boldsymbol{b})\cdot\boldsymbol{c};$$

ここで，複号 ± は，$\boldsymbol{a}$, $\boldsymbol{b}$, $\boldsymbol{c}$ が，この順序で，右手系 (左手系) であるとき，+ (−) をとるものとする. $(\boldsymbol{a}\times\boldsymbol{b})\cdot\boldsymbol{c}$ を，$\boldsymbol{a}$, $\boldsymbol{b}$, $\boldsymbol{c}$ の **3 重積** という. さらに，$\boldsymbol{a}$, $\boldsymbol{b}$, $\boldsymbol{c}$; $\boldsymbol{b}$, $\boldsymbol{c}$, $\boldsymbol{a}$; $\boldsymbol{c}$, $\boldsymbol{a}$, $\boldsymbol{b}$ は，この順序で，同時に右手系，または，同時に左手系 をなすことに注意すれば，つぎの結論がえられる:

$$(9)\qquad (\boldsymbol{a}\times\boldsymbol{b})\cdot\boldsymbol{c} = (\boldsymbol{b}\times\boldsymbol{c})\cdot\boldsymbol{a} = (\boldsymbol{c}\times\boldsymbol{a})\cdot\boldsymbol{b}$$

であって，各辺の共通の値の絶対値は，$\boldsymbol{a}=\overrightarrow{\mathrm{OA}}$, $\boldsymbol{b}=\overrightarrow{\mathrm{OB}}$, $\boldsymbol{c}=\overrightarrow{\mathrm{OC}}$ を 3 辺にもつ平行 6 面体の体積をあたえる.

つぎに，$\boldsymbol{a}=(a_1, a_2, a_3)$, $\boldsymbol{b}=(b_1, b_2, b_3)$, $\boldsymbol{c}=(c_1, c_2, c_3)$ とすれば，**定理 3** によって，

$$\begin{aligned}(\boldsymbol{a}\times\boldsymbol{b})\cdot\boldsymbol{c} &= \left(\begin{vmatrix} a_2 & a_3 \\ b_2 & b_3 \end{vmatrix}\boldsymbol{i} + \begin{vmatrix} a_3 & a_1 \\ b_3 & b_1 \end{vmatrix}\boldsymbol{j} + \begin{vmatrix} a_1 & a_2 \\ b_1 & b_2 \end{vmatrix}\boldsymbol{k}\right)\cdot \\ &\quad \cdot(c_1\boldsymbol{i} + c_2\boldsymbol{j} + c_3\boldsymbol{k}) \\ &= \begin{vmatrix} a_2 & a_3 \\ b_2 & b_3 \end{vmatrix}c_1 - \begin{vmatrix} a_1 & a_3 \\ b_1 & b_3 \end{vmatrix}c_2 + \begin{vmatrix} a_1 & a_2 \\ b_1 & b_2 \end{vmatrix}c_3 \\ &= \begin{vmatrix} a_1 & a_2 & a_3 \\ b_1 & b_2 & b_3 \\ c_1 & c_2 & c_3 \end{vmatrix}.\end{aligned}$$

$$(10)\quad \therefore\quad (\boldsymbol{a}\times\boldsymbol{b})\cdot\boldsymbol{c} = \begin{vmatrix}\boldsymbol{a} & \boldsymbol{b} & \boldsymbol{c}\end{vmatrix} \equiv \begin{vmatrix} a_1 & b_1 & c_1 \\ a_2 & b_2 & c_2 \\ a_3 & b_3 & c_3 \end{vmatrix}.$$

したがって，行列式 $\begin{vmatrix}\boldsymbol{a} & \boldsymbol{b} & \boldsymbol{c}\end{vmatrix}$ の絶対値は，$\boldsymbol{a}=\overrightarrow{\mathrm{OA}}$, $\boldsymbol{b}=\overrightarrow{\mathrm{OB}}$, $\boldsymbol{c}=\overrightarrow{\mathrm{OC}}$ を 3 辺にもつ平行 6 面体の体積に等しい.

＊問 1. **定理** 1 の（iv）と（ii）を用いて，つぎの等式を証明せよ:

$$(\boldsymbol{b}+\boldsymbol{c})\times\boldsymbol{a} = \boldsymbol{b}\times\boldsymbol{a} + \boldsymbol{c}\times\boldsymbol{a}.$$

問 2. 外積の行列式表示（7）を用いて，つぎの外積を計算せよ:

（1） $(3\boldsymbol{i}-2\boldsymbol{j}+\boldsymbol{k})\times(5\boldsymbol{i}-4\boldsymbol{j}-2\boldsymbol{k})$.

（2） $(-4\boldsymbol{i}+3\boldsymbol{k})\times(-2\boldsymbol{i}+\boldsymbol{j}-\boldsymbol{k})$.

（3） $(2\boldsymbol{i}-3\boldsymbol{j}+\boldsymbol{k})\times(\boldsymbol{i}+\boldsymbol{j}+4\boldsymbol{k})$.

問 3. 外積の行列式表示（7）を利用して，つぎの 2 つのベクトル $\boldsymbol{a}$, $\boldsymbol{b}$ に垂直な単位ベクトル $\boldsymbol{e}$ で，$\boldsymbol{a}$, $\boldsymbol{b}$, $\boldsymbol{e}$ が，この順序で右手系をなすものを求めよ:

（1） $\boldsymbol{a}=4\boldsymbol{i}+3\boldsymbol{j}-\boldsymbol{k}$,　$\boldsymbol{b}=2\boldsymbol{i}-6\boldsymbol{j}-3\boldsymbol{k}$.

（2） $\boldsymbol{a}=\boldsymbol{i}+2\boldsymbol{j}-3\boldsymbol{k}$,　$\boldsymbol{b}=-3\boldsymbol{i}+\boldsymbol{j}+2\boldsymbol{k}$.

（3） $\boldsymbol{a}=\boldsymbol{i}-2\boldsymbol{j}+\boldsymbol{k}$,　$\boldsymbol{b}=3\boldsymbol{i}+\boldsymbol{j}-2\boldsymbol{k}$.

問 4. （1）式を用いて，つぎの 3 点に対して，$\boldsymbol{a}=\overrightarrow{\mathrm{AB}}$, $\boldsymbol{b}=\overrightarrow{\mathrm{AC}}$ を 2 辺にもつ平行 4 辺形の面積を求めよ:

（1） A(0, 0, 0),　B(0, 1, 0),　C(1, 1, 0).

（2） A(4, −2, 6),　B(6, −1, 7),　C(5, 0, 5).

（3） A(1, 2, 3),　B(2, −1, 1),　C(1, 2, −4).

2

ベクトルの微分

§ 4. ベクトルの微分

1. ベクトルの極限・連続　閉区間または開区間 I の各点 t に，1 つのベクトル $\boldsymbol{a}(t)$ が対応しているとき，$\boldsymbol{a}(t)$ を，区間 I 上で定義された **ベクトル関数** という．

> ベクトル関数 $\boldsymbol{a}(t)$ とベクトル $\boldsymbol{b}$ に対して，
>
> $$\lim_{t \to t_0} |\boldsymbol{a}(t) - \boldsymbol{b}| = 0$$
>
> がなりたつならば，$t \to t_0$ のときの $\boldsymbol{a}(t)$ の **極限値** は $\boldsymbol{b}$ である，あるいは，$\boldsymbol{b}$ は，$\boldsymbol{a}(t)$ の $t \to t_0$ のときの **極限ベクトル** である，といい，
>
> (1)　$$\lim_{t \to t_0} \boldsymbol{a}(t) = \boldsymbol{b},$$
>
> または，
>
> $$\boldsymbol{a}(t) \to \boldsymbol{b} \qquad (t \to t_0)$$
>
> によってあらわす．　　　　（ **極限ベクトルの定義** ）

$\boldsymbol{a}(t)$，$\boldsymbol{b}$ の成分表示を，

$$\boldsymbol{a}(t) = (a_1(t),\ a_2(t),\ a_3(t)), \qquad \boldsymbol{b} = (b_1,\ b_2,\ b_3)$$

とすれば，(1)式 は，つぎの 3 つの式と同値であることがわかる：

(2)　$$\lim_{t \to t_0} a_1(t) = b_1, \quad \lim_{t \to t_0} a_2(t) = b_2, \quad \lim_{t \to t_0} a_3(t) = b_3.$$

(3) $$\lim_{t \to t_0} \boldsymbol{a}(t) = \boldsymbol{a}(t_0)$$

であるとき，$\boldsymbol{a}(t)$ は，$t = t_0$ で **連続** であるという． $\boldsymbol{a}(t)$ が，区間 I の各点で連続であるとき，$\boldsymbol{a}(t)$ は，区間 I で **連続** であるという． (**連続の定義**)

2. ベクトルの微分

極限値：

(4) $$\frac{d\boldsymbol{a}(t)}{dt} \equiv \lim_{\Delta t \to 0} \frac{\boldsymbol{a}(t+\Delta t) - \boldsymbol{a}(t)}{\Delta t}$$

が存在するとき，これを $\boldsymbol{a}(t)$ の t における **微分係数** という．
$\boldsymbol{a}(t)$ の微分係数をあらわす記号としては，(4) 式の左辺の記号のほかに，

$$\boldsymbol{a}'(t), \qquad \dot{\boldsymbol{a}}(t), \qquad \text{など}$$

が用いられる． $\boldsymbol{a}'(t)$ を，区間 I における関数と考えるとき，これを，$\boldsymbol{a}(t)$ の **導関数** という． (**微分係数・導関数の定義**)

極限値の場合と同様に，微分係数 (4) の存在は，

(5) $$\begin{cases} \dfrac{da_1(t)}{dt} = \lim\limits_{\Delta t \to 0} \dfrac{a_1(t+\Delta t) - a_1(t)}{\Delta t}, \\ \dfrac{da_2(t)}{dt} = \lim\limits_{\Delta t \to 0} \dfrac{a_2(t+\Delta t) - a_2(t)}{\Delta t}, \\ \dfrac{da_3(t)}{dt} = \lim\limits_{\Delta t \to 0} \dfrac{a_3(t+\Delta t) - a_3(t)}{\Delta t} \end{cases}$$

のすべてが存在することと同値であって，

(6) $$\frac{d\boldsymbol{a}(t)}{dt} = \left(\frac{da_1(t)}{dt}, \ \frac{da_2(t)}{dt}, \ \frac{da_3(t)}{dt} \right).$$

ベクトル関数 $\boldsymbol{a}(t)$ の n **階導関数** $\boldsymbol{a}^{(n)}(t)$ は，帰納的に，つぎの式によって定義される：

$$\boldsymbol{a}^{(n)}(t) = \frac{d}{dt} \boldsymbol{a}^{(n-1)}(t)$$

$$(n = 1, 2, \cdots; \quad \boldsymbol{a}^{(0)}(t) = \boldsymbol{a}(t)).$$

3. ベクトルの微分の計算法則

定理 1 $\boldsymbol{a}(t)$, $\boldsymbol{b}(t)$ をベクトル関数, k をスカラーとするとき,

(i) $\{\boldsymbol{a}(t)+\boldsymbol{b}(t)\}' = \boldsymbol{a}'(t)+\boldsymbol{b}'(t)$;

(**和の微分の公式**)

(ii) $\{k\,\boldsymbol{a}(t)\}' = k\,\boldsymbol{a}'(t)$; (**スカラー倍の微分の公式**)

(iii) $\{\boldsymbol{a}(t)\cdot\boldsymbol{b}(t)\}' = \boldsymbol{a}'(t)\cdot\boldsymbol{b}(t)+\boldsymbol{a}(t)\cdot\boldsymbol{b}'(t)$;

(**内積の微分の公式**)

(iv) $\{\boldsymbol{a}(t)\times\boldsymbol{b}(t)\}'$

$= \boldsymbol{a}'(t)\times\boldsymbol{b}(t)+\boldsymbol{a}(t)\times\boldsymbol{b}'(t)$.

(**外積の微分の公式**)

証明 $\boldsymbol{a}(t) = a_1(t)\boldsymbol{i}+a_2(t)\boldsymbol{j}+a_3(t)\boldsymbol{k}$,

$\boldsymbol{b}(t) = b_1(t)\boldsymbol{i}+b_2(t)\boldsymbol{j}+b_3(t)\boldsymbol{k}$ とする.

(i), (ii) は簡単である.

(iii) $\{\boldsymbol{a}(t)\cdot\boldsymbol{b}(t)\}'$

$= (a_1b_1+a_2b_2+a_3b_3)'$ (∵ §2 の **定理 3** (10 ページ))

$= (a_1'b_1+a_1b_1')+(a_2'b_2+a_2b_2')+(a_3'b_3+a_3b_3')$

$= (a_1'b_1+a_2'b_2+a_3'b_3)+(a_1b_1'+a_2b_2'+a_3b_3')$

$= \boldsymbol{a}'(t)\cdot\boldsymbol{b}(t)+\boldsymbol{a}(t)\cdot\boldsymbol{b}'(t)$ (∵ §2 の **定理 3**).

(iv) $\{\boldsymbol{a}(t)\times\boldsymbol{b}(t)\}'$

$= (a_2b_3-a_3b_2)'\boldsymbol{i}+(a_3b_1-a_1b_3)'\boldsymbol{j}+(a_1b_2-a_2b_1)'\boldsymbol{k}$

(∵ §3 の **定理 2** (16 ページ))

$$
\begin{aligned}
= \quad & \{(a_2'b_3+a_2b_3')-(a_3'b_2+a_3b_2')\}\boldsymbol{i} \\
+ \, & \{(a_3'b_1+a_3b_1')-(a_1'b_3+a_1b_3')\}\boldsymbol{j} \\
+ \, & \{(a_1'b_2+a_1b_2')-(a_2'b_1+a_2b_1')\}\boldsymbol{k} \\
= \quad & \{(a_2'b_3-a_3'b_2)\boldsymbol{i}+(a_3'b_1-a_1'b_3)\boldsymbol{j}+(a_1'b_2-a_2'b_1)\boldsymbol{k}\} \\
+ \, & \{(a_2b_3'-a_3b_2')\boldsymbol{i}+(a_3b_1'-a_1b_3')\boldsymbol{j}+(a_1b_2'-a_2b_1')\boldsymbol{k}\}
\end{aligned}
$$

$= \boldsymbol{a}'(t)\times\boldsymbol{b}(t)+\boldsymbol{a}(t)\times\boldsymbol{b}'(t)$ (∵ §3 の **定理 2**).

(証明終)

4. $|\boldsymbol{a}(t)| = \rho$ の場合

定理 2 ベクトル関数 $\boldsymbol{a}(t)$ の大きさが一定: $|\boldsymbol{a}(t)| = \rho$ ならば, $\dot{\boldsymbol{a}}(t) \neq \boldsymbol{0}$ であるかぎり, $\boldsymbol{a}(t)$ と $\dot{\boldsymbol{a}}(t)$ は直交する（図 1）.

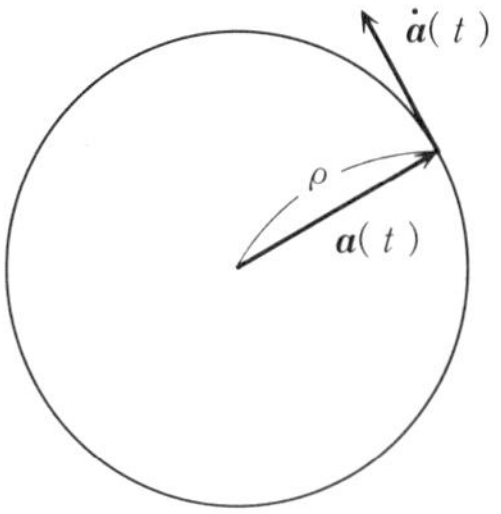

図 1: $|\boldsymbol{a}(t)| = \rho$ ならば, $\boldsymbol{a}(t) \perp \dot{\boldsymbol{a}}(t)$.

証明 $|\boldsymbol{a}(t)| = \rho$ ならば, $\boldsymbol{a}(t)\cdot\boldsymbol{a}(t) = \rho^2$ であるから, **定理 1** の（iii）によって,

$$\frac{d\{\boldsymbol{a}(t)\cdot\boldsymbol{a}(t)\}}{dt} = \dot{\boldsymbol{a}}(t)\cdot\boldsymbol{a}(t) + \boldsymbol{a}(t)\cdot\dot{\boldsymbol{a}}(t) = 0.$$

$$\therefore \quad \boldsymbol{a}(t)\cdot\dot{\boldsymbol{a}}(t) = 0.$$

したがって, § 2 の **定理 1**（9 ページ）によって, $\boldsymbol{a}(t)$ と $\dot{\boldsymbol{a}}(t)$ は直交する:

$$\boldsymbol{a}(t) \perp \dot{\boldsymbol{a}}(t). \qquad \text{（証明終）}$$

5. 幾何学的意味

ベクトル関数 $\boldsymbol{r}(t)$ を, 直交座標系 O-xyz の **位置ベクトル**, すなわち,

$$\boldsymbol{r}(t) = \overrightarrow{\mathrm{OP}_t} \tag{7}$$

と考えれば, t の変化にともなって, $\boldsymbol{r}(t)$ の終点 P_t は, 1 つの曲線 C をえがく（つぎのページの **図 2**）. t の微小変化 Δt に対応する $\boldsymbol{r}(t)$ の変化:

$$\Delta\boldsymbol{r} = \boldsymbol{r}(t+\Delta t) - \boldsymbol{r}(t)$$

は, ベクトル $\overrightarrow{\mathrm{P}_t\mathrm{P}_{t+\Delta t}}$ によってあたえられる（**図 2**）. したがって,

$$\frac{\Delta\boldsymbol{r}}{\Delta t} = \frac{\boldsymbol{r}(t+\Delta t) - \boldsymbol{r}(t)}{\Delta t} \tag{8}$$

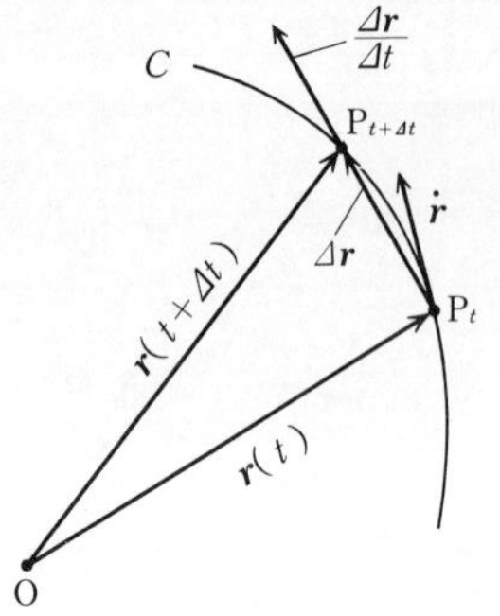

図 2:　$\boldsymbol{r}(t)=\overrightarrow{\mathrm{OP}_t}$ は，1 つの曲線 C をえがき，$\dot{\boldsymbol{r}}(t)$ は C の接線ベクトルをあたえる．

も，$\overrightarrow{\mathrm{P}_t\mathrm{P}_{t+\Delta t}}$ と同じ向きのベクトルであることに注意すれば，(8)式の $\Delta t\to 0$ のときの極限ベクトル：

$$(9)\qquad \dot{\boldsymbol{r}}(t)=\lim_{\Delta t\to 0}\frac{\Delta \boldsymbol{r}}{\Delta t}$$

は，$\dot{\boldsymbol{r}}(t)\neq\boldsymbol{0}$ であるかぎり，曲線 C の P_t における **接線ベクトル** となる(図 2)．C 上の定点からの弧長を s とすれば，Δt が十分小さいとき，P_t と $\mathrm{P}_{t+\Delta t}$ の間の弧長 Δs に対して，$\Delta s\fallingdotseq|\Delta \boldsymbol{r}|$．したがって，

$$(10)\qquad |\dot{\boldsymbol{r}}(t)|=\lim_{\Delta t\to 0}\left|\frac{\Delta \boldsymbol{r}}{\Delta t}\right|=\lim_{\Delta t\to 0}\frac{\Delta s}{\Delta t}=\frac{ds}{dt}.$$

とくに，t が時刻をあらわすときは，$\boldsymbol{r}(t)$ は，点の **運動** をあたえる．そして，$\dot{\boldsymbol{r}}(t)$ は，t の瞬間における $\boldsymbol{r}(t)$ の瞬間変化率をあたえる．$\dot{\boldsymbol{r}}(t)$ を，運動 $\boldsymbol{r}(t)$ の **速度ベクトル** という．

さらに，$\ddot{\boldsymbol{r}}(t)\equiv\dfrac{d\dot{\boldsymbol{r}}(t)}{dt}$ は，速度ベクトル $\dot{\boldsymbol{r}}(t)$ の瞬間変化率をあたえ，運動 $\boldsymbol{r}(t)$ の **加速度ベクトル** とよばれる．

6.　フレネ・セレーの公式　曲線 C が，C 上の定点からの弧長 s をパラメターとして，位置ベクトル $\boldsymbol{r}(s)$ によってあらわされているとする．(10)式によって，

$$|\boldsymbol{r}'(s)| = 1$$

であるから，5 項の結果によって，$\boldsymbol{r}'(s)$ は，**単位接線ベクトル** $\boldsymbol{t}(s)$ をあたえる：

$$\boldsymbol{t}(s) = \boldsymbol{r}'(s). \tag{11}$$

$|\boldsymbol{t}(s)| = 1$ であるから，**定理 2** によって，$\boldsymbol{t} \perp \boldsymbol{t}'$． $\boldsymbol{t}'(s)$ と同じ向きの単位ベクトルを，$\boldsymbol{n}(s)$ とすれば，

$$\boldsymbol{t}' = \varkappa \boldsymbol{n} \tag{12}$$

とあらわせる． $\boldsymbol{n}(s)$ を **主法線ベクトル**，

$$\varkappa = |\boldsymbol{t}'(s)| \tag{13}$$

を **曲率**，$\rho = \dfrac{1}{\varkappa}$ を **曲率半径** という．

さらに，単位ベクトル：$\boldsymbol{b}(s) = \boldsymbol{t}(s) \times \boldsymbol{n}(s)$ を，**従法線ベクトル** という（**図 3**）． **定理 2** によって，

$$\boldsymbol{b}' \perp \boldsymbol{b}. \tag{14}$$

さらに，外積の微分の公式によって，

$$\begin{aligned} \boldsymbol{b}' &= \boldsymbol{t}' \times \boldsymbol{n} + \boldsymbol{t} \times \boldsymbol{n}' && (\because\ \text{外積の微分の公式}) \\ &= \varkappa \boldsymbol{n} \times \boldsymbol{n} + \boldsymbol{t} \times \boldsymbol{n}' && (\because\ (12)\text{式}) \\ &= \boldsymbol{t} \times \boldsymbol{n}'. \end{aligned}$$

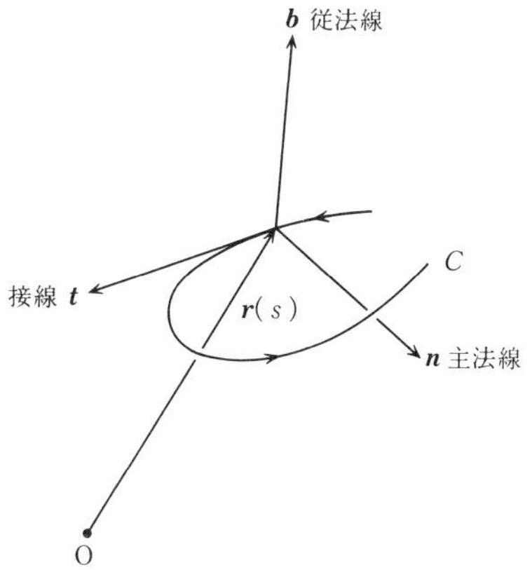

図 3：　曲線 C の接線ベクトル $\boldsymbol{t}$，主法線ベクトル $\boldsymbol{n}$，従法線ベクトル $\boldsymbol{b}$ の関係.

(15) $\therefore \quad \boldsymbol{b}' \perp \boldsymbol{t}.$

(14)式と(15)式によって, $\boldsymbol{b}' \parallel \boldsymbol{n}$ であるから,

(16) $$\boldsymbol{b}' = -\tau \boldsymbol{n}$$

とあらわせる. τ を **ねじれ率**, $\sigma = \dfrac{1}{\tau}$ を **ねじれ率半径** という.

最後に, $\boldsymbol{n} = \boldsymbol{b} \times \boldsymbol{t}$ を微分すれば,

(17)
$$\begin{aligned} \boldsymbol{n}' &= \boldsymbol{b}' \times \boldsymbol{t} + \boldsymbol{b} \times \boldsymbol{t}' && (\because \text{ 外積の微分の公式 }) \\ &= -\tau \boldsymbol{n} \times \boldsymbol{t} + \boldsymbol{b} \times \varkappa \boldsymbol{n} && (\because \text{ (16)式, (12)式 }) \\ &= \tau \boldsymbol{b} - \varkappa \boldsymbol{t}. \end{aligned}$$

(12)式, (16)式, (17)式から, つぎの **フレネ・セレーの公式** がえられる:

定理 3

(18)
$$\begin{cases} \boldsymbol{t}' = \quad\quad\quad \varkappa \boldsymbol{n}, \\ \boldsymbol{n}' = -\varkappa \boldsymbol{t} \quad\quad\quad + \tau \boldsymbol{b}, \\ \boldsymbol{b}' = \quad\quad -\tau \boldsymbol{n}. \end{cases}$$
(**フレネ・セレーの公式**)

点 P をとおって, $\boldsymbol{t}$, $\boldsymbol{b}$, $\boldsymbol{n}$ を法線ベクトルにもつ平面を, それぞれ, 曲線 C の点 P における **法平面**, **接触平面**, **展直平面** という (図 4).

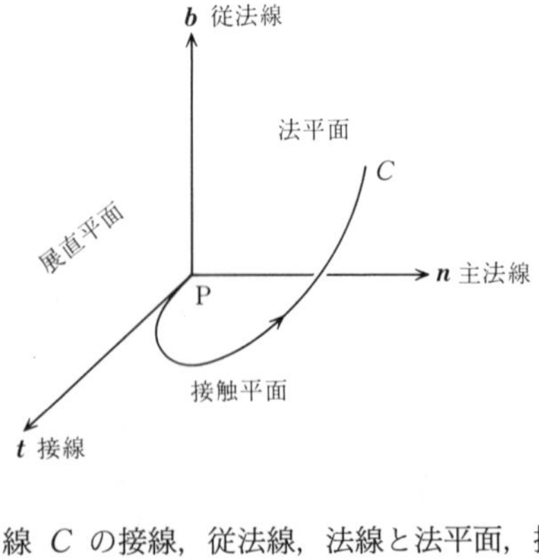

図 4: 曲線 C の接線, 従法線, 法線と法平面, 接触平面, 展直平面の関係.

7. 加速度ベクトルの分解　運動 $\boldsymbol{r}(t)$ $(\alpha \leqq t \leqq \beta)$ の軌道を C とし，区間 $[\alpha, t]$ に対応する C の部分弧の弧長を s とすれば，(10) 式によって，

$$v \equiv |\dot{\boldsymbol{r}}| = \frac{ds}{dt}. \tag{19}$$

したがって，この式によって，速度ベクトル $\boldsymbol{v}$ に対する，つぎの公式がえられる：

$$\boldsymbol{v} \equiv \dot{\boldsymbol{r}} = \frac{d\boldsymbol{r}}{dt} = \frac{d\boldsymbol{r}}{ds} \cdot \frac{ds}{dt} \tag{20}$$

$$= v\boldsymbol{t} \qquad (\because \text{ (11) 式，(19) 式 }).$$

さらに，(20) 式によって，

$$\ddot{\boldsymbol{r}} = \frac{d}{dt}(v\boldsymbol{t}) = \frac{dv}{dt}\boldsymbol{t} + v\frac{d\boldsymbol{t}}{dt} = \frac{dv}{dt}\boldsymbol{t} + v\frac{d\boldsymbol{t}}{ds} \cdot \frac{ds}{dt}$$

$$= \frac{dv}{dt}\boldsymbol{t} + v \cdot \varkappa \boldsymbol{n} \cdot v \qquad (\because \text{ (12) 式，(19) 式 }).$$

$$\therefore \quad \boldsymbol{a} \equiv \ddot{\boldsymbol{r}} = \frac{dv}{dt}\boldsymbol{t} + \frac{v^2}{\rho}\boldsymbol{n} \qquad (\rho \text{ は曲率半径 }). \tag{21}$$

（**加速度ベクトル $\boldsymbol{a}$ の分解公式**）

問 1.　つぎのベクトル関数：$\boldsymbol{a} = \boldsymbol{a}(t)$ に対して，$\boldsymbol{a}'$，$|\boldsymbol{a}'|$，$\boldsymbol{a}''$，$|\boldsymbol{a}''|$ を求めよ：

(1) $\boldsymbol{a} = \boldsymbol{i} + t\boldsymbol{j} + t^2\boldsymbol{k}$.　(2) $\boldsymbol{a} = t\boldsymbol{i} + t^2\boldsymbol{j} + t^3\boldsymbol{k}$.

(3) $\boldsymbol{a} = \cos t \cdot \boldsymbol{i} + \sin t \cdot \boldsymbol{j}$.　(4) $\boldsymbol{a} = \cos t \cdot \boldsymbol{i} + \sin t \cdot \boldsymbol{j} + t\boldsymbol{k}$.

(5) $\boldsymbol{a} = e^t\boldsymbol{i} + e^{-t}\boldsymbol{j}$.　(6) $\boldsymbol{a} = \cosh t \cdot \boldsymbol{i} + \sinh t \cdot \boldsymbol{j} + t\boldsymbol{k}$.

(7) $\boldsymbol{a} = 2\cos t \cdot \boldsymbol{i} + 2\sin t \cdot \boldsymbol{j} + e^{-t^2}\boldsymbol{k}$.

問 2.　つぎのベクトル関数：$\boldsymbol{a} = \boldsymbol{a}(t)$，$\boldsymbol{b} = \boldsymbol{b}(t)$ について，$(\boldsymbol{a} \cdot \boldsymbol{b})'$，$(\boldsymbol{a} \times \boldsymbol{b})'$ を，それぞれ，内積の微分の公式，外積の微分の公式を用いて求めよ．

(1) $\boldsymbol{a} = t\boldsymbol{i} + t^2\boldsymbol{j}$,　$\boldsymbol{b} = t^3\boldsymbol{j} + t\boldsymbol{k}$.

(2) $\boldsymbol{a} = t^2\boldsymbol{j} + t\boldsymbol{k}$,　$\boldsymbol{b} = \boldsymbol{i} + t\boldsymbol{j} + t^3\boldsymbol{k}$.

(3) $\boldsymbol{a} = \cos t \cdot \boldsymbol{i} + \sin t \cdot \boldsymbol{j}$,　$\boldsymbol{b} = -\sin t \cdot \boldsymbol{i} + \cos t \cdot \boldsymbol{j}$.

(4) $\boldsymbol{a} = e^t\boldsymbol{i} + e^{-t}\boldsymbol{j}$,　$\boldsymbol{b} = t\boldsymbol{j} + t^2\boldsymbol{k}$.

問 3. つぎの運動 $\boldsymbol{r}(t)$ の軌道を C とするとき，$\dot{\boldsymbol{r}}(t)$ を求め，付記の C 上の点 P における接線の方程式を求めよ：

（1） $\boldsymbol{r}(t) = t\,\boldsymbol{i} + t^2\boldsymbol{j} + t^3\boldsymbol{k}$, $\mathrm{P} = (1, 1, 1)$.

（2） $\boldsymbol{r}(t) = \cos t \cdot \boldsymbol{i} + \sin t \cdot \boldsymbol{j} + t\,\boldsymbol{k}$, $\mathrm{P} = \left(0, 1, \dfrac{\pi}{2}\right)$.

（3） $\boldsymbol{r}(t) = e^{2t}\boldsymbol{i} + e^{-2t}\boldsymbol{j} + t\,\boldsymbol{k}$. $\mathrm{P} = (1, 1, 0)$.

問 4. 直線： $\boldsymbol{r}(t) = at\,\boldsymbol{i} + bt\,\boldsymbol{j} + ct\,\boldsymbol{k}$

（a, b, c は定数で $a^2 + b^2 + c^2 \neq 0$）

の曲率は 0 であることを証明せよ．

問 5. 半径 a の円： $\boldsymbol{r}(t) = a\cos t \cdot \boldsymbol{i} + a\sin t \cdot \boldsymbol{j}$ の曲率は，$\dfrac{1}{a}$ であることを証明せよ．

問 6. 曲線 C： $\boldsymbol{r}(t)$ の曲率 $\varkappa$，ねじれ率 τ は，それぞれ，つぎの式によってあたえられることを証明せよ：

$$\varkappa = \frac{|\dot{\boldsymbol{r}} \times \ddot{\boldsymbol{r}}|}{|\dot{\boldsymbol{r}}|^3} = \frac{\sqrt{|\dot{\boldsymbol{r}}|^2|\ddot{\boldsymbol{r}}|^2 - (\dot{\boldsymbol{r}} \cdot \ddot{\boldsymbol{r}})^2}}{|\dot{\boldsymbol{r}}|^3},$$

$$\tau = \frac{|\dot{\boldsymbol{r}}\ \ \ddot{\boldsymbol{r}}\ \ \dddot{\boldsymbol{r}}|}{|\dot{\boldsymbol{r}}|^2|\ddot{\boldsymbol{r}}|^2 - (\dot{\boldsymbol{r}} \cdot \ddot{\boldsymbol{r}})^2}.$$

ここで，$|\dot{\boldsymbol{r}}\ \ \ddot{\boldsymbol{r}}\ \ \dddot{\boldsymbol{r}}|$ は，$\dot{\boldsymbol{r}}, \ddot{\boldsymbol{r}}, \dddot{\boldsymbol{r}}$ の各成分を，各列の要素にもつ行列式である．

問 7. 前問の結果を利用して，楕円：

$$\boldsymbol{r}(t) = a\cos t \cdot \boldsymbol{i} + b\sin t \cdot \boldsymbol{j} \quad (a > 0,\ b > 0,\ a \neq b)$$

の曲率を求めよ．

問 8. 平面 Π 上の曲線 C に対しては，単位接線ベクトル $\boldsymbol{t}$ と主法線ベクトル $\boldsymbol{n}$ は Π にふくまれ，従法線ベクトル $\boldsymbol{b}$ は Π に垂直であって，C のねじれ率は 0 であることを証明せよ．

§ 5. ベクトルの偏微分

1. 2 変数ベクトル関数の極限・連続 uv- 平面上の領域 D 上の各点 (u, v) に，3 次元空間の 1 つのベクトル $\boldsymbol{a}(u, v)$ が対応しているとき，$\boldsymbol{a}(u, v)$ を，領域 D 上で定義された **ベクトル関数** という． この関数に対しても，§ 4 の 1 項（ 20 ページ ）と同様に，極限，連続の概念が定義できる．

2. ベクトルの偏微分

領域 D で定義されたベクトル関数 $\boldsymbol{a}(u,\ v)$ の **偏微分** は，

（1）
$$\boldsymbol{a}_u(u,\ v) = \frac{\partial \boldsymbol{a}(u,\ v)}{\partial u} \equiv \lim_{\Delta u \to 0} \frac{\boldsymbol{a}(u + \Delta u,\ v) - \boldsymbol{a}(u,\ v)}{\Delta u},$$

（2）
$$\boldsymbol{a}_v(u,\ v) = \frac{\partial \boldsymbol{a}(u,\ v)}{\partial v} \equiv \lim_{\Delta v \to 0} \frac{\boldsymbol{a}(u,\ v + \Delta v) - \boldsymbol{a}(u,\ v)}{\Delta v}$$

によって定義される．（1）式，（2）式を D 上の関数と考えたとき，これらを，$\boldsymbol{a}(u,\ v)$ の **偏導関数** という．

（ **偏微分・偏導関数の定義** ）

3. 幾何学的意味　2 変数のベクトル関数：

$$\boldsymbol{r}(u,\ v) = (\ x(u,\ v),\ y(u,\ v),\ z(u,\ v)\ )$$

を，直交座標系の位置ベクトル：

（3）
$$\boldsymbol{r}(u,\ v) = \overrightarrow{\mathrm{OP}}$$

と考えれば，点 $(u,\ v)$ が領域 D を動くとき，点：$\mathrm{P} = \mathrm{P}(u,\ v)$ は，一般には，1 つの曲面 S をえがく．ゆえに，$\boldsymbol{r}(u,\ v)$ は，領域 D から，曲面 S への写像と考えることができる（ つぎのページの **図 1** ）．

いま，$\boldsymbol{r}(u,\ v)$ は，D において，連続な偏導関数をもつと仮定する．そのとき，D において，v を一定にして u を動かすと，$\boldsymbol{r}(u,\ v)$ は，曲面 S 上で1 つの曲線をえがく．この曲線を，u-**曲線** という．同様に，u を一定にして v を動かしてえられる S 上の曲線を，v-**曲線** という（ **図 1** ）．§ 4 の 5 項（ 23 ページ ）の結果によって，$\boldsymbol{r}_u$ は，u-曲線上での接線ベクトルをあたえる．同様に，$\boldsymbol{r}_v$ は，v-曲線上での接線ベクトルをあたえる．したがって，外積によるベクトルの平行条件（ 13 ページ ）に注意すれば，$\boldsymbol{r}_u \times \boldsymbol{r}_v \neq \boldsymbol{0}$ であるかぎり，P における 2 つの接線ベクトル $\boldsymbol{r}_u$,

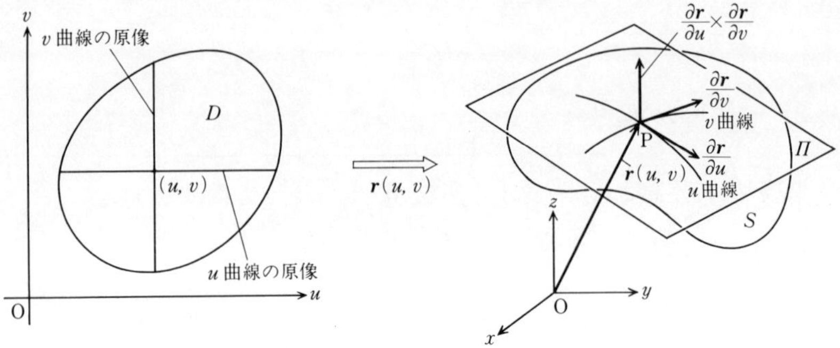

図 1: 点(u, v)が領域 D を動くとき，$\boldsymbol{r}(u, v)=\overrightarrow{\mathrm{OP}}$ をみたす点: $\mathrm{P}=\mathrm{P}(u, v)$ は，曲面 S をえがく．

$\boldsymbol{r}_v$ をふくむ平面 Π が存在して，Π は，S の P における接平面をあたえる（**図 1**）． ゆえに，

（4）

$$\boldsymbol{r}_u \times \boldsymbol{r}_v = (x_u, y_u, z_u) \times (x_v, y_v, z_v)$$

$$= \begin{vmatrix} \boldsymbol{i} & \boldsymbol{j} & \boldsymbol{k} \\ x_u & y_u & z_u \\ x_v & y_v & z_v \end{vmatrix} \qquad (\because \ \S 3 \text{ の}(7)\text{式}(17 \text{ ページ}))$$

$$= \left(\frac{\partial(y, z)}{\partial(u, v)}, \frac{\partial(z, x)}{\partial(u, v)}, \frac{\partial(x, y)}{\partial(u, v)} \right)$$

は，$\boldsymbol{r}_u \times \boldsymbol{r}_v \neq \boldsymbol{0}$ であるかぎり，Π の法線ベクトルをあたえる（**図 1**）．ここで，

$$\frac{\partial(y, z)}{\partial(u, v)} \equiv \begin{vmatrix} y_u & y_v \\ z_u & z_v \end{vmatrix} = y_u z_v - y_v z_u, \qquad \text{など}.$$

これは，y, z の u, v に関する **ヤコビアン** とよばれる．

問 1. つぎのベクトル関数: $\boldsymbol{a}=\boldsymbol{a}(u, v)$ に対して，$\boldsymbol{a}_u, \boldsymbol{a}_v$ を求めよ:

（1） $\boldsymbol{a}=u\,\boldsymbol{i}+v\,\boldsymbol{j}$.

（2） $\boldsymbol{a}=(u^2-v^2)\,\boldsymbol{i}+2uv\,\boldsymbol{j}$.

（3） $\boldsymbol{a}=u\,\boldsymbol{i}+v\,\boldsymbol{j}+(u^2+v^2)\,\boldsymbol{k}$.

（4） $\boldsymbol{a} = u\,\boldsymbol{i} + v\,\boldsymbol{j} + \sqrt{u^2 + v^2}\,\boldsymbol{k}$.

（5） $\boldsymbol{a} = u^2\boldsymbol{i} + v^2\boldsymbol{j} + 2uv\,\boldsymbol{k}$.

問 2.　つぎのベクトル関数:

$$\boldsymbol{r} = \boldsymbol{r}(u, v) = (x(u, v), y(u, v), z(u, v))$$

によってあらわされる曲面を，x, y, z に関する方程式であらわせ（ a, b, c は定数):

（1） $\boldsymbol{r} = u\,\boldsymbol{i} + v\,\boldsymbol{j}$.

（2） $\boldsymbol{r} = u\cos v \cdot \boldsymbol{i} + u\sin v \cdot \boldsymbol{j}$.

（3） $\boldsymbol{r} = \cos u \cdot \boldsymbol{i} + \sin u \cdot \boldsymbol{j} + v\,\boldsymbol{k}$.

（4） $\boldsymbol{r} = u\,\boldsymbol{i} + v\,\boldsymbol{j} + uv\,\boldsymbol{k}$.

（5） $\boldsymbol{r} = u\,\boldsymbol{i} + v\,\boldsymbol{j} + (u + v)\,\boldsymbol{k}$.

（6） $\boldsymbol{r} = u\cos v \cdot \boldsymbol{i} + u\sin v \cdot \boldsymbol{j} + u\,\boldsymbol{k}$.

（7） $\boldsymbol{r} = u\cos v \cdot \boldsymbol{i} + u\sin v \cdot \boldsymbol{j} + u^2\boldsymbol{k}$.

（8） $\boldsymbol{r} = a\cos u\cos v \cdot \boldsymbol{i} + b\sin u\cos v \cdot \boldsymbol{j} + c\sin v \cdot \boldsymbol{k}$.

（9） $\boldsymbol{r} = au\cosh v \cdot \boldsymbol{i} + bu\sinh v \cdot \boldsymbol{j} + u^2\boldsymbol{k}$.

（10） $\boldsymbol{r} = a\sinh u\cos v \cdot \boldsymbol{i} + b\sinh u\sin v \cdot \boldsymbol{j} + c\cosh u \cdot \boldsymbol{k}$.

問 3.　つぎの曲面を，ベクトル関数: $\boldsymbol{r} = \boldsymbol{r}(u, v)$ の形にあらわせ:

（1） 平面:　$z = 0$.

（2） 平面:　$x + y + z = 1$.

（3） 円柱面:　$x^2 + y^2 = a^2$.

（4） だ円柱面:　$\dfrac{x^2}{4} + \dfrac{y^2}{9} = 1$.

（5） 円すい面:　$z = \sqrt{x^2 + y^2}$.

（6） 球面:　$x^2 + y^2 + z^2 = 1$.

（7） 回転放物面:　$z = x^2 + y^2$.

（8） だ円面:　$\dfrac{x^2}{a^2} + \dfrac{y^2}{b^2} + \dfrac{z^2}{c^2} = 1$.

（9） 双曲放物面:　$z = \dfrac{x^2}{a^2} - \dfrac{y^2}{b^2}$.

（10） だ円形双曲面:　$\dfrac{x^2}{a^2} + \dfrac{y^2}{b^2} - \dfrac{z^2}{c^2} = 0$.

問 4.　ベクトル関数: $\boldsymbol{r} = \boldsymbol{r}(u, v)$ によってあらわされる曲面 S 上の点 $\mathrm{Q}(u, v)$ における接平面 Π の方程式は, Π 上の点 $\mathrm{P}(x, y, z)$ の位置ベクトルを $\boldsymbol{r}_{\mathrm{P}} = \overrightarrow{\mathrm{OP}}$ とするとき, つぎの形にあらわされることを, **3** 項の結果を利用して証明せよ:

$$(\boldsymbol{r}_u \times \boldsymbol{r}_v) \cdot \{\boldsymbol{r}_{\mathrm{P}} - \boldsymbol{r}(u, v)\} = 0.$$

問 5.　**前問** の結果を利用して, つぎのベクトル関数によってあらわされる曲面の, 付記の点 Q における接平面の方程式を求めよ (a, b, α は定数):

*(1)　$\boldsymbol{r} = u \cos v \cdot \boldsymbol{i} + u \sin v \cdot \boldsymbol{j} + u^2 \boldsymbol{k}$,　$\mathrm{Q} = (1, 0, 1)$.

(2)　$\boldsymbol{r} = \cos u \cdot \boldsymbol{i} + \sin u \cdot \boldsymbol{j} + v \boldsymbol{k}$,　$\mathrm{Q} = \left(\dfrac{1}{2}, \dfrac{\sqrt{3}}{2}, 0\right)$.

(3)　$\boldsymbol{r} = u \boldsymbol{i} + v \boldsymbol{j} + (1 - u - v) \boldsymbol{k}$,　$\mathrm{Q} = (1, 1, -1)$.

(4)　$\boldsymbol{r} = u \boldsymbol{i} + v \boldsymbol{j} + uv \boldsymbol{k}$,　$\mathrm{Q} = (1, 1, 1)$.

(5)　$\boldsymbol{r} = u \cos v \cdot \boldsymbol{i} + u \sin v \cdot \boldsymbol{j} + u \boldsymbol{k}$,　$\mathrm{Q} = (1, 0, 1)$.

(6)　$\boldsymbol{r} = a \cos u \cdot \boldsymbol{i} + b \sin u \cdot \boldsymbol{j} + v \boldsymbol{k}$,
$\mathrm{Q} = (a \cos \alpha, b \sin \alpha, 0)$.

(7)　$\boldsymbol{r} = a \cos v \cos u \cdot \boldsymbol{i} + b \cos v \sin u \cdot \boldsymbol{j} + c \sin v \cdot \boldsymbol{k}$,
$\mathrm{Q} = (a, 0, 0)$.

3

ベクトルの積分

§ 6.　ベクトルの積分

1.　ベクトルの積分　　区間 $[\alpha, \beta]$ 上に，ベクトル関数：

$$\boldsymbol{a}(t) = (a_1(t), a_2(t), a_3(t))$$

が定義されているとする．　$[\alpha, \beta]$ の **分割**：

$$\Delta: \quad \alpha = t_0 < t_1 < t_2 < \cdots < t_{n-1} < t_n = \beta$$

に対して，**近似和**：

$$(1) \qquad \boldsymbol{s}_\Delta \equiv \sum_{j=1}^{n} \boldsymbol{a}(\tau_j)(t_j - t_{j-1})$$

$$= \boldsymbol{a}(\tau_1)(t_1 - t_0) + \boldsymbol{a}(\tau_2)(t_2 - t_1) + \cdots + \boldsymbol{a}(\tau_n)(t_n - t_{n-1})$$

（ τ_j は $[t_{j-1}, t_j]$ 上の任意の 1 点 ）

をつくる．　分割を一様に細かくしていくとき，すなわち，

$$\delta[\Delta] \equiv \max_{1 \leqq j \leqq n}(t_j - t_{j-1}) \to 0$$

となるように，分割を細かくしていくとき，分割 Δ および点 τ_j ($j = 1, \cdots, n$) のえらび方に無関係な，近似和 $\boldsymbol{s}_\Delta$ の極限ベクトル $\boldsymbol{s}$ が存在するならば，それを，ベクトル関数 $\boldsymbol{a}(t)$ の $[\alpha, \beta]$ 上の **積分** といい，

$$(2) \qquad \boldsymbol{s} = \int_\alpha^\beta \boldsymbol{a}(t)\,dt$$

であらわす．

（1）式の近似和 $\boldsymbol{s}_\Delta$ を，成分に分けて書けば，

$$\boldsymbol{s}_\Delta = \left(\sum_{j=1}^{n} a_1(\tau_j)(t_j - t_{j-1}),\ \sum_{j=1}^{n} a_2(\tau_j)(t_j - t_{j-1}),\right.$$
$$\left. \sum_{j=1}^{n} a_3(\tau_j)(t_j - t_{j-1}) \right).$$

ここで，分割を一様に細かくしていくことによって，つぎの関係式がえられる：

（3）
$$\int_\alpha^\beta \boldsymbol{a}(t)\,dt,$$
$$= \left(\int_\alpha^\beta a_1(t)\,dt,\ \int_\alpha^\beta a_2(t)\,dt,\ \int_\alpha^\beta a_3(t)\,dt \right).$$

（ベクトル関数の積分の成分表示）

2. ベクトルの積分の基本性質

定理 1　$\boldsymbol{a}(t)$，$\boldsymbol{b}(t)$ を $[\alpha, \beta]$ 上で定義されたベクトル関数とするとき，

（i）
$$\int_\alpha^\beta \{\boldsymbol{a}(t) + \boldsymbol{b}(t)\}\,dt = \int_\alpha^\beta \boldsymbol{a}(t)\,dt + \int_\alpha^\beta \boldsymbol{b}(t)\,dt;$$

（ii）
$$\int_\alpha^\beta c\,\boldsymbol{a}(t)\,dt = c\int_\alpha^\beta \boldsymbol{a}(t)\,dt$$
（c はスカラー（実定数））；

（iii）
$$\int_\alpha^\gamma \boldsymbol{a}(t)\,dt + \int_\gamma^\beta \boldsymbol{a}(t)\,dt = \int_\alpha^\beta \boldsymbol{a}(t)\,dt$$
（$\alpha < \gamma < \beta$）；

（iv）
$$\left| \int_\alpha^\beta \boldsymbol{a}(t)\,dt \right| \leqq \int_\alpha^\beta |\boldsymbol{a}(t)|\,dt.$$

証明　（i），（ii），（iii）については，ベクトル関数の積分の定義から明らかである．

（iv）については，近似和（1）において，

$$|\boldsymbol{s}_\Delta| = \left| \sum_{j=1}^{n} \boldsymbol{a}(\tau_j)(t_j - t_{j-1}) \right| \leqq \sum_{j=1}^{n} |\boldsymbol{a}(\tau_j)|(t_j - t_{j-1})$$

（∵　3 角不等式）

がなりたつことに注意すれば，この近似和の，分割 Δ を細かくしていったときの極限として，(iv) がえられる． (証明終)

ベクトル関数の **不定積分**，**原始関数**，**広義の積分** などが，微分積分学における，普通の関数の場合と同様に定義できる．

3. 部分積分の公式 つぎの部分積分の公式は，§ 4 の **定理 1** の (iii), (iv) (22 ページ) を，それぞれ，積分することによって，ただちにえられる：

定理 2 $\boldsymbol{a}(t)$, $\boldsymbol{b}(t)$ を $[\alpha, \beta]$ 上で定義されたベクトル関数とするとき，

(i) $\displaystyle\int_\alpha^\beta \boldsymbol{a}(t)\cdot\dot{\boldsymbol{b}}(t)\,dt$

$$= \Big[\boldsymbol{a}(t)\cdot\boldsymbol{b}(t)\Big]_\alpha^\beta - \int_\alpha^\beta \dot{\boldsymbol{a}}(t)\cdot\boldsymbol{b}(t)\,dt;$$

(**内積の部分積分の公式**)

(ii) $\displaystyle\int_\alpha^\beta \boldsymbol{a}(t)\times\dot{\boldsymbol{b}}(t)\,dt$

$$= \Big[\boldsymbol{a}(t)\times\boldsymbol{b}(t)\Big]_\alpha^\beta - \int_\alpha^\beta \dot{\boldsymbol{a}}(t)\times\boldsymbol{b}(t)\,dt.$$

(**外積の部分積分の公式**)

問 1. つぎのベクトル関数：$\boldsymbol{a}=\boldsymbol{a}(t)$, $\boldsymbol{b}=\boldsymbol{b}(t)$ について，$\boldsymbol{a}\cdot\boldsymbol{b}$, $\boldsymbol{a}\times\boldsymbol{b}$ を，それぞれ，内積の部分積分の公式，外積の部分積分の公式を用いて，付記の区間で積分せよ：

*(1) $\boldsymbol{a}=\boldsymbol{i}+2t\boldsymbol{j}$, $\boldsymbol{b}=\cos t\cdot\boldsymbol{i}+\sin t\cdot\boldsymbol{j}$; $[0, \pi]$.

(2) $\boldsymbol{a}=\boldsymbol{j}+2t\boldsymbol{k}$, $\boldsymbol{b}=e^{t}\boldsymbol{i}+e^{-t}\boldsymbol{j}$; $[0, 1]$.

問 2. $\boldsymbol{a}=\boldsymbol{a}(t)=(x(t), y(t), z(t))$ を未知ベクトル関数とする，つぎの微分方程式を解け ($\boldsymbol{c}$ は定数ベクトル (各成分が定数であるベクトル)，k は正の定数)：

(1) $\boldsymbol{a}'=\boldsymbol{c}$. (2) $\boldsymbol{a}''=\boldsymbol{0}$.

(3) $\boldsymbol{a}''=\boldsymbol{c}$. (4) $\boldsymbol{a}'-\boldsymbol{a}=\boldsymbol{0}$.

(5) $\boldsymbol{a}''-k^2\boldsymbol{a}=\boldsymbol{0}$. (6) $\boldsymbol{a}'+k\boldsymbol{a}=\boldsymbol{c}$.

§ 7. 線 積 分

1. ベクトル場・スカラー場

空間の点集合 E の各点 P に，ベクトル $\boldsymbol{a}_{\mathrm{P}}$ が対応しているとき，$\boldsymbol{a}=\boldsymbol{a}_{\mathrm{P}}$ を，E 上で定義された **ベクトル場** という．

（ **ベクトル場の定義** ）

点集合 E の各点 P に，スカラー $f(\mathrm{P})$ が対応しているとき，$f=f(\mathrm{P})$ を，E 上で定義された **スカラー場** という．

（ **スカラー場の定義** ）

2. 線 積 分 向きのついた曲線 C が，位置ベクトル：

$$C: \quad \boldsymbol{r}=\boldsymbol{r}(t)=(x(t),\ y(t),\ z(t)) \qquad (\alpha \leqq t \leqq \beta)$$

によって定義されているとする（ **図 1** ）． C 上で定義されたベクトル場：

$$\boldsymbol{a}=\boldsymbol{a}_{\mathrm{P}}=(a_1(\mathrm{P}),\ a_2(\mathrm{P}),\ a_3(\mathrm{P}))$$

に対して，$\boldsymbol{a}$ の C 上での **線積分**を，つぎの式によって定義する：

$$(1) \qquad \int_C \boldsymbol{a}\cdot d\boldsymbol{r} \equiv \int_\alpha^\beta \boldsymbol{a}_{\mathrm{P}}\cdot\frac{d\boldsymbol{r}}{dt}\,dt \qquad (\ \boldsymbol{a}\ \text{の線積分の定義式}\ )$$

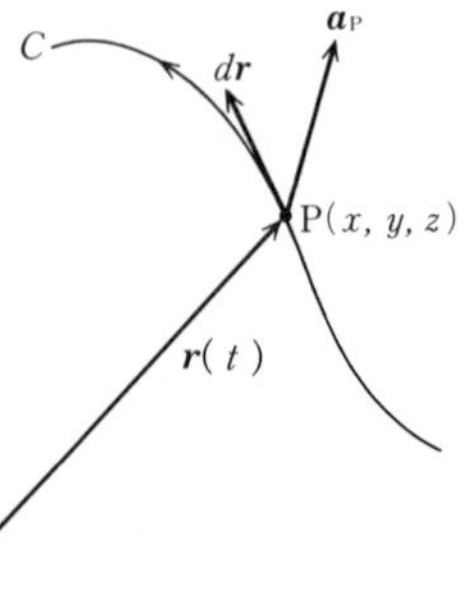

図 1: 曲線 C: $\boldsymbol{r}=\boldsymbol{r}(t)$ ($\alpha \leqq t \leqq \beta$) 上のベクトル場 $\boldsymbol{a}$ に対して，線積分: $\int_\alpha^\beta \boldsymbol{a}\cdot d\boldsymbol{r}$ が定義される．

この式の左辺は，内積の成分表示（10 ページ）にもとづいて，

$$\int_C a_1\,dx + a_2\,dy + a_3\,dz$$

と書くこともある． そのとき，（1）式 は，つぎの式と同値である：

（2）
$$\int_C \boldsymbol{a}\cdot d\boldsymbol{r} = \int_C a_1\,dx + a_2\,dy + a_3\,dz = \int_\alpha^\beta \{a_1\dot{x}(t) + a_2\dot{y}(t) + a_3\dot{z}(t)\}\,dt.$$

（**線積分の成分表示**）

線積分の定義式（1）は，曲線 C をあらわすパラメター t のえらび方に関係しない． なぜならば，パラメターの変換 $t = t(s)$ によって，

$$\boldsymbol{a}_{\mathrm{P}}\cdot\frac{d\boldsymbol{r}}{dt}\,dt = \boldsymbol{a}_{\mathrm{P}}\cdot\frac{d\boldsymbol{r}}{ds}\frac{ds}{dt}\,dt = \boldsymbol{a}_{\mathrm{P}}\cdot\frac{d\boldsymbol{r}}{ds}\,ds$$

となるからである．

とくに，パラメター t として，C の弧長 s をえらべば，**§ 4** の（11）式（25 ページ）によって，

$$\frac{d\boldsymbol{r}}{ds} = \boldsymbol{t} \qquad (\boldsymbol{t}\text{ は単位接線ベクトル})$$

となるから，（1）式 は，つぎのようにあらわすことができる：

（3）
$$\int_C \boldsymbol{a}\cdot d\boldsymbol{r} = \int_0^l \boldsymbol{a}_{\mathrm{P}}\cdot\boldsymbol{t}\,ds$$

（l は C の長さ，$\boldsymbol{t}$ は単位接線ベクトル）．

3. 具 体 例

例. 曲線 C：$\boldsymbol{r}(t)$（$\alpha \leqq t \leqq \beta$）上の各点 P に働く力 $\boldsymbol{F}_{\mathrm{P}}$（ベクトル場）のなす **仕事** は，線積分：

$$\int_C \boldsymbol{F}_{\mathrm{P}}\cdot d\boldsymbol{r}$$

によってあたえられる． （例 終）

問. **例** の結果と線積分の成分表示（2）式を利用して，つぎの路に沿って働く力: $\boldsymbol{F} = z\boldsymbol{i} - x\boldsymbol{j} + y\boldsymbol{k}$ によってなされる仕事を求めよ:

*（1） (0, 0, 0) から，(1, 0, 0), (1, 1, 0), (1, 1, 1) の順序で進む線分からなる路.

（2） (0, 0, 0) から，(1, 1, 0), (1, 1, 1) の順序で進む線分からなる路.

（3） (0, 0, 0) から (1, 1, 1) へ進む線分からなる路.

（4） 曲線: $y = x,\ z = x^2$ に沿って，(0, 0, 0) から (1, 1, 1) に進む路.

（5） 曲線: $y = x,\ 2z = x^2 + y^2$ に沿って，(0, 0, 0) から (1, 1, 1) に進む路.

（6） 曲線: $y = x^2,\ 2z = x^2 + y^2$ に沿って，(0, 0, 0) から (1, 1, 1) に進む路.

§ 8. 面 積 分

1. 曲 面 積 2 変数のベクトル関数 $\boldsymbol{r}(u, v)$ が，uv-平面の領域 D で，連続な偏導関数をもつと仮定する．§5 の 3 項（29 ページ）で述べたように，$\boldsymbol{r}(u, v)$ を位置ベクトルと考えれば，それによって，曲面:

$$(1) \qquad S: \quad \boldsymbol{r}(u, v) \qquad ((u, v) \in D)$$

が定義される．いま，D 内の微小長方形:

$$\Delta R: \quad u_0 \leqq u \leqq u_0 + \Delta u, \quad v_0 \leqq v \leqq v_0 + \Delta v$$

に，$\boldsymbol{r}(u, v)$ によって対応する S の部分を ΔS とする（つぎのページの**図 1**）．そのとき，ΔS の面積 $A(\Delta S)$ は，近似的に（高位の無限小を除いて），

$$(2) \qquad A(\Delta S) \fallingdotseq \left| \frac{\partial \boldsymbol{r}}{\partial u}\Delta u \times \frac{\partial \boldsymbol{r}}{\partial v}\Delta v \right| = \left| \frac{\partial \boldsymbol{r}}{\partial u} \times \frac{\partial \boldsymbol{r}}{\partial v} \right| \Delta u\, \Delta v$$

によってあたえられることをしめそう; ここに，

$$\frac{\partial \boldsymbol{r}}{\partial u} = \frac{\partial \boldsymbol{r}(u_0, v_0)}{\partial u}, \qquad \frac{\partial \boldsymbol{r}}{\partial v} = \frac{\partial \boldsymbol{r}(u_0, v_0)}{\partial v}.$$

ベクトル関数の偏微分の定義: §5 の（1）式，（2）式（29 ページ）によって，

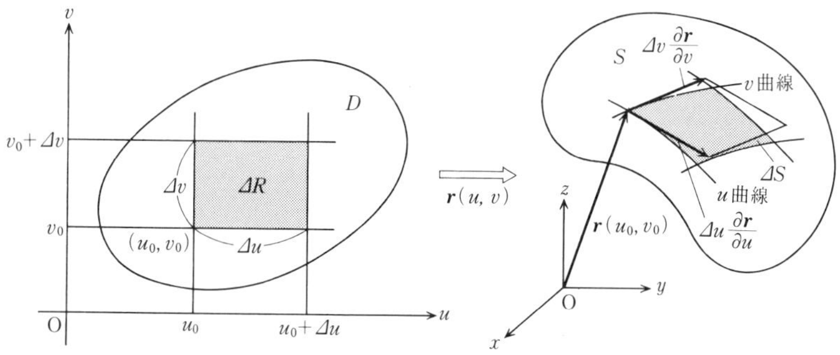

図 1: $\boldsymbol{r}=\boldsymbol{r}(u, v)$ によって，ΔR に対応する部分 ΔS の面積は，近似的に，$\Delta u\dfrac{\partial \boldsymbol{r}}{\partial u}$, $\Delta v\dfrac{\partial \boldsymbol{r}}{\partial v}$ を 2 辺とする平行 4 辺形の面積に等しい.

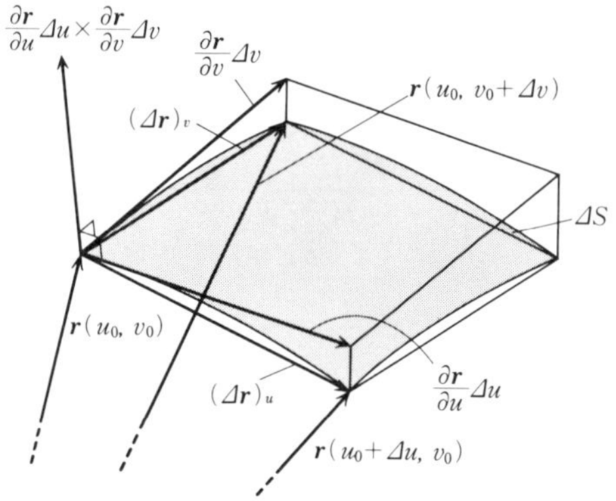

図 2: ΔS の面積は，近似的に，$(\Delta \boldsymbol{r})_u$, $(\Delta \boldsymbol{r})_v$ を 2 辺とする平行 4 辺形の面積に等しい. さらに，その面積は，近似的に，$\dfrac{\partial \boldsymbol{r}}{\partial u}\Delta u$, $\dfrac{\partial \boldsymbol{r}}{\partial v}\Delta v$ を 2 辺とする平行 4 辺形の面積に等しい.

$$(3)\qquad (\Delta \boldsymbol{r})_u \equiv \boldsymbol{r}(u_0+\Delta u,\ v_0)-\boldsymbol{r}(u_0,\ v_0) \fallingdotseq \frac{\partial \boldsymbol{r}}{\partial u}\Delta u,$$

$$(4)\qquad (\Delta \boldsymbol{r})_v \equiv \boldsymbol{r}(u_0,\ v_0+\Delta v)-\boldsymbol{r}(u_0,\ v_0) \fallingdotseq \frac{\partial \boldsymbol{r}}{\partial v}\Delta v.$$

まず，$A(\Delta S)$ は，近似的に，2 つのベクトル $(\Delta \boldsymbol{r})_u$，$(\Delta \boldsymbol{r})_v$ を 2 辺とする平行 4 辺形の面積に等しい（**図 2**）. （3），（4）の両式に

よって，それは，また，近似的に，2 つのベクトル $\dfrac{\partial \boldsymbol{r}}{\partial u}\Delta u$，$\dfrac{\partial \boldsymbol{r}}{\partial v}\Delta v$ を 2 辺とする平行 4 辺形の面積に等しい（ **図 2** ）．　その面積は，ベクトル積の定義（ 12 ページ ）によって，（ 2 ）式 によってあたえられる．

§ 5 の（ 4 ）式（ 30 ページ ）によって，

$$\left|\frac{\partial \boldsymbol{r}}{\partial u}\times\frac{\partial \boldsymbol{r}}{\partial v}\right| = \sqrt{\left(\frac{\partial(y,\ z)}{\partial(u,\ v)}\right)^2+\left(\frac{\partial(z,\ x)}{\partial(u,\ v)}\right)^2+\left(\frac{\partial(x,\ y)}{\partial(u,\ v)}\right)^2}.$$

ゆえに，（ 2 ）式 によって，S の面積要素 dS は，

$$(5)\qquad dS = \left|\frac{\partial \boldsymbol{r}}{\partial u}\times\frac{\partial \boldsymbol{r}}{\partial v}\right| du\, dv$$

$$= \sqrt{\left(\frac{\partial(y,\ z)}{\partial(u,\ v)}\right)^2+\left(\frac{\partial(z,\ x)}{\partial(u,\ v)}\right)^2+\left(\frac{\partial(x,\ y)}{\partial(u,\ v)}\right)^2}\, du\, dv.$$

したがって，つぎの曲面積の公式がえられる：

定理　1　　曲面（ 1 ）の面積（ **曲面積** ）$A(S)$ は，つぎの公式によってあたえられる：

$$(6)\qquad A(S) = \iint_S dS = \iint_D \left|\frac{\partial \boldsymbol{r}}{\partial u}\times\frac{\partial \boldsymbol{r}}{\partial v}\right| du\, dv$$

$$= \iint_D \sqrt{\left(\frac{\partial(y,\ z)}{\partial(u,\ v)}\right)^2+\left(\frac{\partial(z,\ x)}{\partial(u,\ v)}\right)^2+\left(\frac{\partial(x,\ y)}{\partial(u,\ v)}\right)^2}\, du\, dv.$$

（ **曲面積の公式** ）

2.　第 1 基本量　　つぎの量：$E,\ F,\ G$　を，曲面 S の **第 1 基本量** という：

$$(7)\qquad E = \frac{\partial \boldsymbol{r}}{\partial u}\cdot\frac{\partial \boldsymbol{r}}{\partial u},\qquad F = \frac{\partial \boldsymbol{r}}{\partial u}\cdot\frac{\partial \boldsymbol{r}}{\partial v},\qquad G = \frac{\partial \boldsymbol{r}}{\partial v}\cdot\frac{\partial \boldsymbol{r}}{\partial v}.$$

§ 3 の（ 2 ）（ 13 ページ ）を利用すれば，

$$\left|\frac{\partial \boldsymbol{r}}{\partial u}\times\frac{\partial \boldsymbol{r}}{\partial v}\right|^2 = \left|\frac{\partial \boldsymbol{r}}{\partial u}\right|^2\left|\frac{\partial \boldsymbol{r}}{\partial v}\right|^2 - \left(\frac{\partial \boldsymbol{r}}{\partial u}\cdot\frac{\partial \boldsymbol{r}}{\partial v}\right)^2$$

$$= EG - F^2.$$

したがって，**定理 1** の公式（ 6 ）は，つぎの形にあらわすことができる：

(8) $A(S)=\iint_D\sqrt{EG-F^2}\,du\,dv.$ （**曲面積の公式**）

つぎに，$u(t)$, $v(t)$ が，$\alpha\leqq t\leqq\beta$ で連続な導関数をもつと仮定して，曲面 S 上の曲線:

(9) $\quad C:\quad \boldsymbol{r}=\boldsymbol{r}(u(t),v(t)) \quad (\alpha\leqq t\leqq\beta)$

の長さを求めることを考えよう！ その長さを L とすれば，L は，

(10) $$L=\int_\alpha^\beta\left|\frac{d\boldsymbol{r}}{dt}\right|dt$$

によってあたえられることがわかる． ここで，2 変数合成関数の微分の公式によって，

$$\frac{d\boldsymbol{r}}{dt}=\frac{\partial\boldsymbol{r}}{\partial u}\dot{u}(t)+\frac{\partial\boldsymbol{r}}{\partial v}\dot{v}(t)$$

であることに注意すれば，

(11) $$\left|\frac{d\boldsymbol{r}}{dt}\right|^2=\frac{d\boldsymbol{r}}{dt}\cdot\frac{d\boldsymbol{r}}{dt}$$
$$=\frac{\partial\boldsymbol{r}}{\partial u}\cdot\frac{\partial\boldsymbol{r}}{\partial u}\dot{u}^2+2\frac{\partial\boldsymbol{r}}{\partial u}\cdot\frac{\partial\boldsymbol{r}}{\partial v}\dot{u}\dot{v}+\frac{\partial\boldsymbol{r}}{\partial v}\cdot\frac{\partial\boldsymbol{r}}{\partial v}\dot{v}^2$$
$$=E\dot{u}^2+2F\dot{u}\dot{v}+G\dot{v}^2.$$

(10)式と(11)式から，つぎの定理がえられる：

定理 2 曲面 S 上の曲線(9)の長さ L は， (12) $L=\int_\alpha^\beta\sqrt{E\dot{u}^2+2F\dot{u}\dot{v}+G\dot{v}^2}\,dt$ によってあたえられる． ここに，E, F, G は，(7)式によって定義される第 1 基本量である． （**曲面上の曲線の長さの公式**）

3. 面積分 §5 の3 項（29 ページ）の結果によって，曲面（1）に対して，$\boldsymbol{r}_u\times\boldsymbol{r}_v$ は，S の法線ベクトルをあたえるから，これと同じ向きの単位法線ベクトルを，$\boldsymbol{n}=\boldsymbol{n}(u,v)$ とすれば，

(13) $$\boldsymbol{n}=\frac{\boldsymbol{r}_u\times\boldsymbol{r}_v}{|\boldsymbol{r}_u\times\boldsymbol{r}_v|}.$$

いま，曲面 S 上に，ベクトル場：

$$\boldsymbol{a}=\boldsymbol{a}_{\mathrm{P}}=(a_1(\mathrm{P}),a_2(\mathrm{P}),a_3(\mathrm{P}))$$

が定義されているとき，

(14) $$d\boldsymbol{S} = \boldsymbol{n}\, dS$$

とおいて，$\boldsymbol{a}$ の S 上での **面積分** を，

(15) $$\iint_S \boldsymbol{a}\cdot d\boldsymbol{S}$$ （**面積分の定義式**）

によって定義する（**図 3**）.

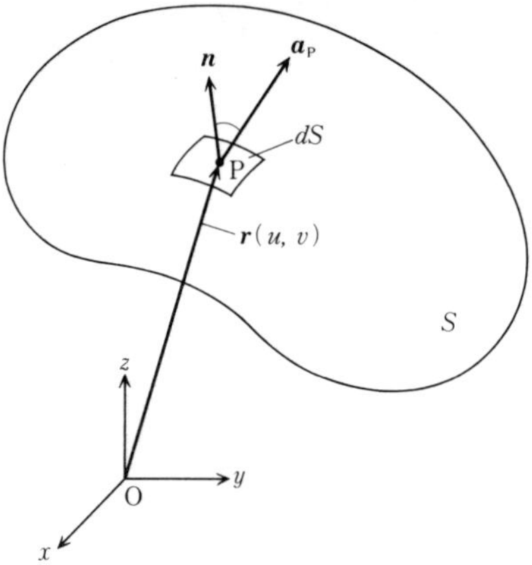

図 3: 面積分 : $\iint_S \boldsymbol{a}\cdot d\boldsymbol{S} = \iint_S \boldsymbol{a}\cdot\boldsymbol{n}\, dS$ の幾何学的意味をしめす図. $\boldsymbol{a}\cdot\boldsymbol{n}$ は $\boldsymbol{a}$ の $\boldsymbol{n}$ 方向成分をあらわす.

面積分について，つぎの公式がなりたつ：

定理 3 ベクトル場 $\boldsymbol{a}$ の S 上での面積分 (15) は，つぎの公式によってあたえられる：

(16) $$\iint_S \boldsymbol{a}\cdot d\boldsymbol{S} = \iint_D \boldsymbol{a}\cdot(\boldsymbol{r}_u \times \boldsymbol{r}_v)\, du\, dv$$

（**面積分の公式**）

$$= \iint_D \left\{ a_1 \frac{\partial(y, z)}{\partial(u, v)} + a_2 \frac{\partial(z, x)}{\partial(u, v)} + a_3 \frac{\partial(x, y)}{\partial(u, v)} \right\} du\, dv.$$

（**面積分の成分表示**）

証明

$$\iint_S \boldsymbol{a}\cdot d\boldsymbol{S} = \iint_S \boldsymbol{a}\cdot\boldsymbol{n}\, dS \qquad (\because\ (14)式)$$

$$= \iint_D \boldsymbol{a}\cdot\frac{\boldsymbol{r}_u\times\boldsymbol{r}_v}{|\boldsymbol{r}_u\times\boldsymbol{r}_v|}\cdot|\boldsymbol{r}_u\times\boldsymbol{r}_v|\,du\,dv$$

$$(\because\ (13)式, (5)式)$$

$$= \iint_D \boldsymbol{a}\cdot(\boldsymbol{r}_u\times\boldsymbol{r}_v)\,du\,dv$$

$$= \iint_D \left\{ a_1\frac{\partial(y, z)}{\partial(u, v)} + a_2\frac{\partial(z, x)}{\partial(u, v)} + a_3\frac{\partial(x, y)}{\partial(u, v)} \right\} du\,dv$$

(∵ §5 の (4) 式 (30 ページ))　　(証明終)

問 1. 曲面積の公式 (8) を利用して，つぎのベクトル関数:

$$\boldsymbol{r} = \boldsymbol{r}(u, v) \qquad ((u, v)\in D)$$

によって定義される曲面 S の表面積を求めよ (a, c は正の定数):

*(1) 球面:　$\boldsymbol{r} = \cos u\cos v\cdot\boldsymbol{i} + \sin u\cos v\cdot\boldsymbol{j} + \sin v\cdot\boldsymbol{k}$,

$D = \left\{ 0 \leqq u \leqq 2\pi,\ -\dfrac{\pi}{2} \leqq v \leqq \dfrac{\pi}{2} \right\}$.

(2) 平面:　$\boldsymbol{r} = u\,\boldsymbol{i} + v\,\boldsymbol{j} + (1 - u - v)\,\boldsymbol{k}$,

$D = \{ u \geqq 0,\ v \geqq 0,\ u + v \leqq 1 \}$.

(3) 円柱面:　$\boldsymbol{r} = a\cos u\cdot\boldsymbol{i} + a\sin u\cdot\boldsymbol{j} + v\,\boldsymbol{k}$,

$D = \{ 0 \leqq u \leqq 2\pi,\ 0 \leqq v \leqq c \}$.

(4) 円すい面:　$\boldsymbol{r} = u\cos v\cdot\boldsymbol{i} + u\sin v\cdot\boldsymbol{j} + u\,\boldsymbol{k}$,

$D = \{ 0 \leqq u \leqq 1,\ 0 \leqq v \leqq 2\pi \}$.

(5) 回転放物面:　$\boldsymbol{r} = u\cos v\cdot\boldsymbol{i} + u\sin v\cdot\boldsymbol{j} + u^2\,\boldsymbol{k}$,

$D = \{ 0 \leqq u \leqq 1,\ 0 \leqq v \leqq 2\pi \}$.

問 2. 面積分の公式 (16) を利用して，**前問**の (1) ～ (5) のベクトル関数:

$$\boldsymbol{r} = x(u, v)\,\boldsymbol{i} + y(u, v)\,\boldsymbol{j} + z(u, v)\,\boldsymbol{k}$$

$$((u, v)\in D)$$

によって定義される曲面 S 上での，ベクトル場:

$$\boldsymbol{a} = x\,\boldsymbol{i} + y\,\boldsymbol{j} + \boldsymbol{k}$$

の面積分: $\iint_S \boldsymbol{a}\cdot d\boldsymbol{S}$ を求めよ.

4

勾配・発散・回転

§ 9. 勾　配

1. スカラー場の勾配　直交座標系: $\mathrm{O}\text{-}xyz = (\mathrm{O};\ \boldsymbol{i},\ \boldsymbol{j},\ \boldsymbol{k})$ をもつ空間の，領域 D で定義された，連続な偏導関数をもつスカラー場: $f = f(x,\ y,\ z)$ に対して，f の **勾配** grad f（grad は gradient の略）を，

$$(1)\qquad \operatorname{grad} f \equiv \frac{\partial f}{\partial x}\boldsymbol{i} + \frac{\partial f}{\partial y}\boldsymbol{j} + \frac{\partial f}{\partial z}\boldsymbol{k}$$

（**勾配** grad f **の定義式**）

によって定義する．　grad f は，D 上のベクトル場である．

2. $\boldsymbol{u}$ 方向微分係数　定数 c に対して，曲面:

$$(2)\qquad f(x,\ y,\ z) = c$$

を，f の **等位面** という．

定理 1　等位面（2）の法線ベクトルは，grad f によってあたえられる（図 1）．

証明　まず，$f_z \neq 0$ と仮定する．（2）式において，z を x，y の関数: $z = z(x,\ y)$ とみなして，（2）式の両辺を x，y について偏

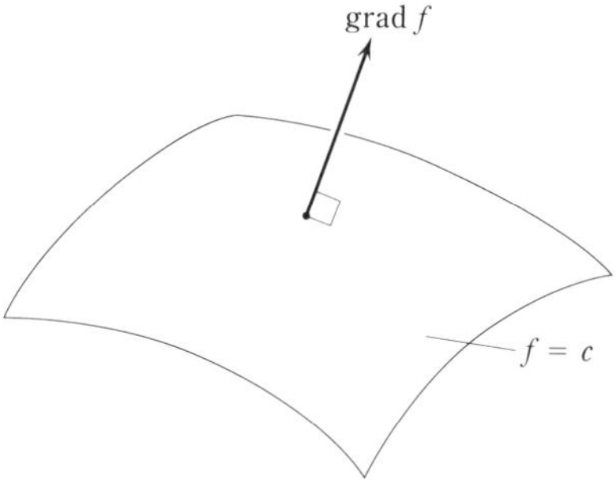

図　1:　grad f は，等位面: $f = c$ の法線ベクトル.

微分すれば，3 変数合成関数の偏微分の公式によって，

$$f_x + f_z z_x = 0, \qquad f_y + f_z z_y = 0.$$

$$(3) \qquad \therefore \qquad z_x = -\frac{f_x}{f_z}, \qquad z_y = -\frac{f_y}{f_z}.$$

$\boldsymbol{i} + z_x\boldsymbol{k}$, $\boldsymbol{j} + z_y\boldsymbol{k}$ は，等位面（2）上の 2 つの接線ベクトルをあたえるから，外積の定義（12 ページ）と（3）式によって，

$$\begin{aligned}(\boldsymbol{i} + z_x\boldsymbol{k}) \times (\boldsymbol{j} + z_y\boldsymbol{k}) &= -z_x\boldsymbol{i} - z_y\boldsymbol{j} + \boldsymbol{k} \\ &= \frac{f_x}{f_z}\boldsymbol{i} + \frac{f_y}{f_z}\boldsymbol{j} + \boldsymbol{k} \\ &= \frac{1}{f_z}\,\mathrm{grad}\ f\end{aligned}$$

は，等位面（2）の法線ベクトルをあたえる.

$f_z = 0$ のときは，z のかわりに，x または y について，同様にすればよい.　　（証明終）

いま，任意の単位ベクトル $\boldsymbol{u} = (u_1, u_2, u_3)$ をあたえて，等位面（2）上の点 P における **$\boldsymbol{u}$ 方向微分係数** を，

$$(4) \qquad \frac{\partial f}{\partial u} \equiv \lim_{\Delta t \to 0} \frac{f(\boldsymbol{r} + (\Delta t)\boldsymbol{u}) - f(\boldsymbol{r})}{\Delta t}$$

（**$\boldsymbol{u}$ 方向微分係数の定義式**）

によって定義する；ここに，$\boldsymbol{r} = \overrightarrow{\mathrm{OP}}$ であって，$f(\boldsymbol{r})$ は，$\boldsymbol{r}$ の終点 P における f の値をしめす.　3 変数合成関数の微分の公式によって，

（ 5 ） $\dfrac{\partial f}{\partial u}$

$$= \left(\frac{\partial f}{\partial x}\right)_{\mathrm{P}} \frac{\partial(x + t u_1)}{\partial t} + \left(\frac{\partial f}{\partial y}\right)_{\mathrm{P}} \frac{\partial(y + t u_2)}{\partial t} + \left(\frac{\partial f}{\partial z}\right)_{\mathrm{P}} \frac{\partial(z + t u_3)}{\partial t}$$

$$= \left(\frac{\partial f}{\partial x}\right)_{\mathrm{P}} u_1 + \left(\frac{\partial f}{\partial y}\right)_{\mathrm{P}} u_2 + \left(\frac{\partial f}{\partial z}\right)_{\mathrm{P}} u_3$$

$$= (\mathrm{grad}\ f) \cdot \boldsymbol{u}.$$

（ 6 ） $\therefore \quad \dfrac{\partial f}{\partial u} = (\mathrm{grad}\ f) \cdot \boldsymbol{u}.$

（ $\boldsymbol{u}$ 方向微分係数の公式 ）

すなわち，$\dfrac{\partial f}{\partial u}$ は，grad f の $\boldsymbol{u}$ 方向成分に等しい（ 図 2 ）.

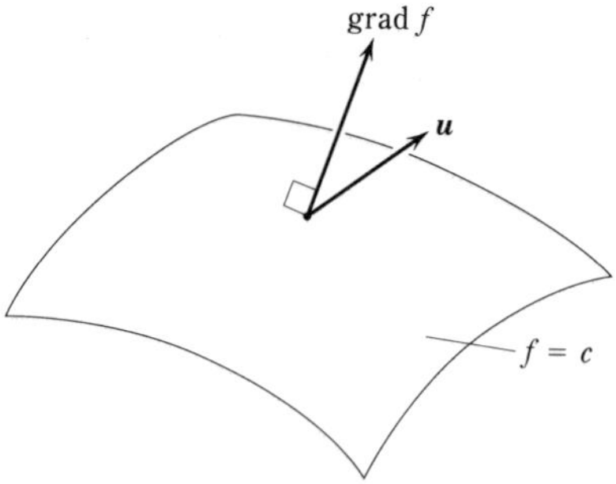

図 2: f の $\boldsymbol{u}$–方向微分係数 $\dfrac{\partial f}{\partial u}$ は，grad f の $\boldsymbol{u}$–方向成分: (grad f)・$\boldsymbol{u}$ に等しい.

したがって，

$\boldsymbol{u} = \dfrac{\mathrm{grad}\ f}{|\,\mathrm{grad}\ f\,|}$ のとき，$\dfrac{\partial f}{\partial u}$ は，最大値 $|\,\mathrm{grad}\ f\,|$ をとり，

$\boldsymbol{u} = -\dfrac{\mathrm{grad}\ f}{|\,\mathrm{grad}\ f\,|}$ のとき，$\dfrac{\partial f}{\partial u}$ は，最小値 $-|\,\mathrm{grad}\ f\,|$ をとる.

3. 保存系・ポテンシャル

ベクトル場 $\boldsymbol{a}$ に対して,

(7)　$$-\operatorname{grad} f = \boldsymbol{a}$$

をみたすスカラー場 f が存在するとき, ベクトル場 $\boldsymbol{a}$ は, **保存系** ($\boldsymbol{a}$ が力の場のときは **保存力場**) をなすといい, f を, ベクトル場 $\boldsymbol{a}$ の **ポテンシャル** (**位置エネルギー**) という.

(**保存系・ポテンシャルの定義**)

4. 具体例

例. ポテンシャルが,

$$f = \frac{m}{r} \qquad \left(r = \sqrt{x^2 + y^2 + z^2},\ \ r > 0;\ \ m \text{ は定数} \right)$$

によってあたえられているとする. $r^2 = x^2 + y^2 + z^2$ の両辺を偏微分することによって,

$$2r\frac{\partial r}{\partial x} = 2x, \quad 2r\frac{\partial r}{\partial y} = 2y, \quad 2r\frac{\partial r}{\partial z} = 2z.$$

(8)　$$\therefore \quad \frac{\partial r}{\partial x} = \frac{x}{r}, \qquad \frac{\partial r}{\partial y} = \frac{y}{r}, \qquad \frac{\partial r}{\partial z} = \frac{z}{r}.$$

したがって,

$$\frac{\partial f}{\partial x} = -\frac{m}{r^2}\frac{\partial r}{\partial x} = -\frac{m}{r^2}\frac{x}{r}, \quad \frac{\partial f}{\partial y} = -\frac{m}{r^2}\frac{y}{r}, \quad \frac{\partial f}{\partial z} = -\frac{m}{r^2}\frac{z}{r}.$$

$$\therefore \quad \boldsymbol{F} = -\operatorname{grad} f = \frac{m}{r^3}(x, y, z) = m\frac{\boldsymbol{r}}{r^3} = m\frac{\boldsymbol{e}}{r^2}$$

$$(\boldsymbol{r} = (x, y, z));$$

ここに, $\boldsymbol{e}$ は $\boldsymbol{r}$ と同じ向きの単位ベクトル. したがって, 力 $\boldsymbol{F}$ の大きさは, 原点 O からの距離の 2 乗に反比例し, $\boldsymbol{F}$ の向きは, 位置ベクトル $\boldsymbol{r}$ の向きに一致する (ニュートンの万有引力). f の等位面は, $f = \dfrac{m}{r} = c$ とおけば, $r = \dfrac{m}{c}$ であることから, 原点を中心とする同心球面である.

(例 終)

5. 保存力場の性質 $\boldsymbol{F}$ を領域 D における保存力場とし，U をそのポテンシャルとする． そのとき，領域 D の 2 点 A, B を結ぶ曲線:

$$C: \quad \boldsymbol{r}(t) \qquad (\alpha \leqq t \leqq \beta;\ \text{図 3})$$

に対して，

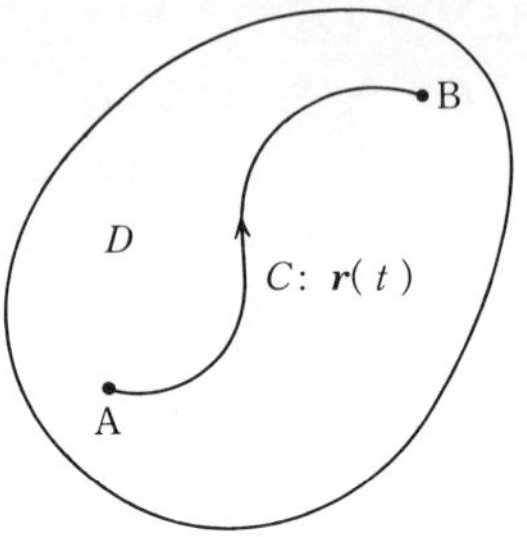

図 3: D 内の 2 点: A, B を結ぶ曲線 C: $\boldsymbol{r}(t)$.

$$\int_C \boldsymbol{F}\cdot d\boldsymbol{r} = -\int_C \operatorname{grad} U \cdot d\boldsymbol{r} \qquad (\because\ (7)\text{式})$$

$$= -\int_\alpha^\beta \operatorname{grad} U \cdot \frac{d\boldsymbol{r}}{dt}\,dt$$

$$(\because\ \S 7\ \text{の}\ (1)\ \text{式}\ (36\ \text{ページ}))$$

$$= -\int_\alpha^\beta \left(\frac{\partial U}{\partial x}\dot{x} + \frac{\partial U}{\partial y}\dot{y} + \frac{\partial U}{\partial z}\dot{z}\right) dt$$

$$= -\int_\alpha^\beta \frac{dU}{dt}\,dt \qquad (\because\ 3\ \text{変数合成関数の微分の公式})$$

$$= U_{\mathrm{A}} - U_{\mathrm{B}};$$

ここに，U_{A}, U_{B} は，それぞれ，U の点 A, B における値をしめす． すなわち，力 $\boldsymbol{F}$ が，点 A から点 B まで，曲線 C に沿ってなす仕事は，A から B にいたる曲線のえらび方には関係なく，$U_{\mathrm{A}} - U_{\mathrm{B}}$ に等しい．

問 1. つぎのスカラー場 f の等位面群と grad f を求めよ $\left(r = \sqrt{x^2+y^2+z^2};\ a,\ b,\ c\ \text{は定数}\right)$:

(1) $f = r^2$.

(2) $f = ax + by + cz \qquad (a^2+b^2+c^2 > 0)$.

（3） $f = \dfrac{x^2}{a^2} + \dfrac{y^2}{b^2} + \dfrac{z^2}{c^2}$ 　　（ $a > 0,\ b > 0,\ c > 0$ ）.

（4） $f = r^{2n}$ 　　（ n は自然数 ）.

問 2. ベクトル場:

$$\boldsymbol{a} = \left(-\frac{y}{r^2},\ \frac{x}{r^2},\ 0\right) \qquad \left(r = \sqrt{x^2 + y^2 + z^2}\right)$$

は保存系であることを証明し，そのポテンシャルを求めよ.

問 3. 力の場:

$$\boldsymbol{F} = (2xy^2 + yz)\boldsymbol{i} + (2x^2y + 2yz^2 + zx)\boldsymbol{j} + (2zy^2 + xy)\boldsymbol{k}$$

において，点 (0, 0, 0) から，点 (1, 1, 1) まで，曲線:

$$C: \qquad x = t, \quad y = t^2, \quad z = t^3$$

に沿って質点が動くときに，力 $\boldsymbol{F}$ のなす仕事を求めよ． さらに，力の場 $\boldsymbol{F}$ は保存力場であることをしめし，$\boldsymbol{F}$ のポテンシャルを求めよ.

§ 10. 発　散

1. ベクトル場の発散 空間の領域 D で定義された，連続な偏導関数をもつベクトル場:

$$\boldsymbol{a} = \boldsymbol{a}_{\mathrm{P}} = (a_1(\mathrm{P}),\ a_2(\mathrm{P}),\ a_3(\mathrm{P}))$$

に対して，$\boldsymbol{a}$ の **発散** div $\boldsymbol{a}$ （ div は divergence の略 ）を，

（1） $$\mathrm{div}\ \boldsymbol{a} \equiv \frac{\partial a_1}{\partial x} + \frac{\partial a_2}{\partial y} + \frac{\partial a_3}{\partial z}$$

（ **発散 div $\boldsymbol{a}$ の定義式** ）

によって定義する． div $\boldsymbol{a}$ は，D 上のスカラー場である.

2. 発散の物理的意味 空間で，流体の運動について考える． 流体の各点 P における速度は，ベクトル場:

$$\boldsymbol{v}_{\mathrm{P}} = (v_1(\mathrm{P}),\ v_2(\mathrm{P}),\ v_3(\mathrm{P}))$$

と考えられる． 座標軸に平行な微小長さ $\varDelta x,\ \varDelta y,\ \varDelta z$ の辺をもつ直方体を，ABCD-EFGH とするとき（ つぎのページの **図 1** ），面 ABCD をとおして，単位時間に，この直方体に流れこむ流体の量と，面 EFGH をとおして，単位時間に，この直方体から流れ出る流体の量は，それぞれ，近似的に，

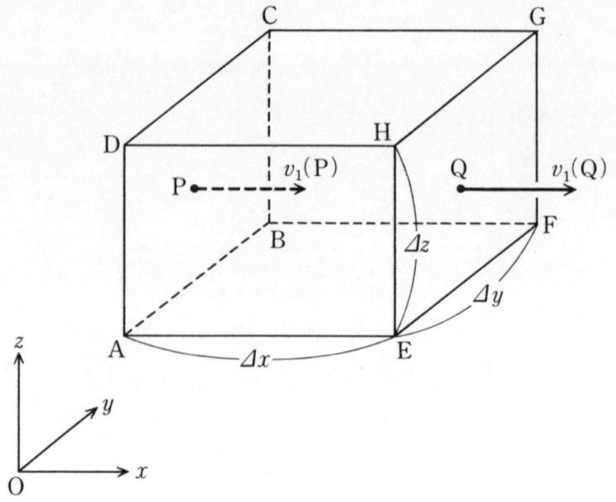

図 1: 面 ABCD をとおして，単位時間に，直方体に流れこむ流体の量は，$v_1(\mathrm{P})\Delta y\,\Delta z$. 面 EFGH をとおして，単位時間に，直方体から流れ出る流体の量は，$v_1(\mathrm{Q})\Delta y\,\Delta z$.

$$v_1(\mathrm{P})\Delta y\,\Delta z, \quad v_1(\mathrm{Q})\Delta y\,\Delta z$$

とみなすことができる； ここに，P, Q は，それぞれ，長方形： ABCD, EFGH の中心である（**図 1**）. したがって，この 2 つの面をとおしての単位時間あたりの流量の増加は，近似的に，

$$v_1(\mathrm{P})\Delta y\,\Delta z - v_1(\mathrm{Q})\Delta y\,\Delta z = -\frac{v_1(\mathrm{Q}) - v_1(\mathrm{P})}{\Delta x}\Delta x\,\Delta y\,\Delta z$$

$$\fallingdotseq -\frac{\partial v_1}{\partial x}\Delta V$$

に等しい； ΔV は，この直方体の体積をあらわす.

y-方向，z-方向 についても同様に考えて，この直方体内での，単位時間あたりの流量の増加は，近似的に，

$$(2) \qquad -\left(\frac{\partial v_1}{\partial x} + \frac{\partial v_2}{\partial y} + \frac{\partial v_3}{\partial z}\right)\Delta V = -(\operatorname{div} \boldsymbol{v})\Delta V.$$

この式を ΔV で割って，$\Delta x, \Delta y, \Delta z \to 0$ とした極限を考えることによって，つぎの結論がえられる：

> $\operatorname{div} \boldsymbol{v}_{\mathrm{P}}$ は，点 P における，単位体積，単位時間あたりの流量の減少率をあらわす. （$\operatorname{div} \boldsymbol{a}$ **の流体力学的意味**）

大人の算数・数学=あらためて納得，あらたに納得

押川元重 著　B6・136頁・1200円

算数や数学の学習において知らず知らずのうちについ見のがしてしまっていたことや，大人になってあらためて学び直してみると「なるほど」と思える様々なトピックを取り上げ解説。

数学の探究的学習=センター試験 数ⅠA・ⅡBを通して創造力を育む

西本敏彦・若林徳映・松原　聖 共著　A5・328頁・2700円

大学入試センター試験　数学ⅠA・ⅡBの問題を「じっくり考え，しっかりわかる」ことを通して，数学における基礎的な概念や原理・法則の理解を深めるとともに，応用力を身につけ，さらに，考える力や創造力を育むために，どのように学習したらよいかを提案・実践する書。

集合への入門=無限をかいま見る

福田拓生 著　A5・176頁・2700円

前半で数学のさまざまな分野／場面において用いられる集合の基本的な考え方・扱い方について解説したうえで，後半では，有限集合から得られる我々の直観・常識に反する「無限」の不思議さについて述べる。

ベイズ統計学概説=フィッシャーからベイズへ

松原　望 著　A5・264頁・3900円

従来の統計学である「フィッシャー－ネイマン－ピアソン理論」と対比させつつ，ベイズ統計学の見方・考え方について，さまざまな具体例を取り上げながら数理的側面から丁寧に解説。ベイズ統計学の有用性，奥深さが理解できる，斯学の第一人者による書き下ろし。

リスク・セオリーの基礎=不確実性に対処するための数理

岩沢宏和 著　A5・264頁・4500円

「リスク理論」の柱となる「信頼性理論」「破産理論」を中心に，単にアクチュアリーの（資格取得の）ためだけの内容でなく，いわゆる応用数学の一分野として，特に統計的推測・決定問題や確率過程論の応用としての面白みが味わえるようまとめられた初めての成書。

技術者の

7.

確

池田信

1. 確

池田信行

2. 確率

池田信行・

3. 確率

西尾眞喜子・

4. マルコ

福島正俊・竹田

5. 確率解

谷口説男・松本裕

6. 統計力学

黒田耕嗣・樋口保成

7. 数理ファイ

関根　順 著・304頁

入門　線形代数

三宅敏恒 著　A5・156頁・1500円

線形代数学=初歩からジョ

三宅敏恒 著　A5・232頁・1900

演習　線形代数　改訂版

村上正康・野澤宗平・稲葉尚志

入門　微分積分

三宅敏恒 著　A5・198頁・190

微分積分学講義

西本敏彦 著　A5・272頁・21

応用微分方程式　改訂

藤本淳夫 著　A5・188頁・1

ベクトル解析　改訂版

安達忠次 著　A5・264頁・

複素解析学概説　改

藤本淳夫 著　A5・152頁・

フーリエ解析=基礎

松下泰雄 著　A5・228頁

初等統計学〔原書

P.G.ホーエル 著／浅井

入門数理統計学

P.G.ホーエル 著／浅井

確率統計演習1=

国沢清典 編（1巻）A5・

★価格は本体価格（税別）で

培風館
東京都千代田区
振替00140-7-4

流体が非圧縮流体の場合には，その密度は一定だから，流体の吸いこみ，わきだしがないかぎり，

$$\text{(3)}\qquad \operatorname{div} \boldsymbol{v} = 0$$

がなりたつ． これを，非圧縮流体における **連続の方程式** という（§18 の1項（106 ページ）参照）．

3. 具体例

例. 位置ベクトル $\boldsymbol{r}$ 方向の **ベクトル**:

$$\frac{\boldsymbol{r}}{r^3} = \left(\frac{x}{r^3}, \frac{y}{r^3}, \frac{z}{r^3}\right) \qquad (r = |\boldsymbol{r}|)$$

について，$\operatorname{div} \dfrac{\boldsymbol{r}}{r^3}$ を求めよう！

$\boldsymbol{r}^2 = x^2 + y^2 + z^2$ であることに注意すれば，§9 の（8）式（47 ページ）によって，

$$\frac{\partial}{\partial x}\left(\frac{x}{r^3}\right) = \frac{1}{r^3} + x(-3)r^{-4}\frac{\partial r}{\partial x} = \frac{1}{r^3} - \frac{3x^2}{r^5},$$

同様にして，

$$\frac{\partial}{\partial y}\left(\frac{y}{r^3}\right) = \frac{1}{r^3} - \frac{3y^2}{r^5}, \qquad \frac{\partial}{\partial z}\left(\frac{z}{r^3}\right) = \frac{1}{r^3} - \frac{3z^2}{r^5}.$$

したがって，

$$\begin{aligned}\operatorname{div} \frac{\boldsymbol{r}}{r^3} &= \frac{\partial}{\partial x}\left(\frac{x}{r^3}\right) + \frac{\partial}{\partial y}\left(\frac{y}{r^3}\right) + \frac{\partial}{\partial z}\left(\frac{z}{r^3}\right)\\ &= \left(\frac{1}{r^3} - \frac{3x^2}{r^5}\right) + \left(\frac{1}{r^3} - \frac{3y^2}{r^5}\right) + \left(\frac{1}{r^3} - \frac{3z^2}{r^5}\right)\\ &= \frac{3}{r^3} - \frac{3(x^2+y^2+z^2)}{r^5} = 0.\end{aligned}$$

（例終）

問. つぎのベクトル場 $\boldsymbol{a}$ に対して，$\operatorname{div} \boldsymbol{a}$ を求めよ（$\boldsymbol{r} = x\boldsymbol{i} + y\boldsymbol{j} + z\boldsymbol{k}$，$r = |\boldsymbol{r}|$； a, b, c は定数）：

（1） $\boldsymbol{a} = \boldsymbol{r}$.

（2） $\boldsymbol{a} = (bz - cy)\boldsymbol{i} + (cx - az)\boldsymbol{j} + (ay - bx)\boldsymbol{k}$.

（3） $\boldsymbol{a} = x^2\boldsymbol{i} + y^2\boldsymbol{j} + z^2\boldsymbol{k}$.　　（4） $\boldsymbol{a} = r^2\boldsymbol{r}$.

（5） $\boldsymbol{a} = \dfrac{\boldsymbol{r}}{r}$.　　（6） $\boldsymbol{a} = \dfrac{\boldsymbol{r}}{r^2}$.

§ 11. 回　転

1. ベクトル場の回転　空間の領域 D で定義された，連続な偏導関数をもつベクトル場:

$$\boldsymbol{a} = \boldsymbol{a}_{\mathrm{P}} = (a_1(\mathrm{P}), a_2(\mathrm{P}), a_3(\mathrm{P}))$$

に対して，$\boldsymbol{a}$ の **回転** rot $\boldsymbol{a}$ (curl $\boldsymbol{a}$ とも書く; rot は rotation の略) を，

(1)　rot $\boldsymbol{a}$

$$= \left(\frac{\partial a_3}{\partial y} - \frac{\partial a_2}{\partial z}\right)\boldsymbol{i} + \left(\frac{\partial a_1}{\partial z} - \frac{\partial a_3}{\partial x}\right)\boldsymbol{j} + \left(\frac{\partial a_2}{\partial x} - \frac{\partial a_1}{\partial y}\right)\boldsymbol{k};$$

$(\boldsymbol{a} = (a_1, a_2, a_3))$　(**回転 rot $\boldsymbol{a}$ の定義式**)

によって定義する.　(1) 式は，行列式の展開を利用して，形式的に，つぎのおぼえやすい形に書くことができる:

(2)　$$\mathrm{rot}\ \boldsymbol{a} = \begin{vmatrix} \boldsymbol{i} & \boldsymbol{j} & \boldsymbol{k} \\ D_x & D_y & D_z \\ a_1 & a_2 & a_3 \end{vmatrix}.$$　(**回転 rot $\boldsymbol{a}$ の行列式表示**)

rot $\boldsymbol{a}$ は，D 上のベクトル場である.

2. 具 体 例

例 1.　位置ベクトル $\boldsymbol{r}$ 方向の単位ベクトル:

(3)　$$\boldsymbol{u} \equiv \frac{\boldsymbol{r}}{r} = \left(\frac{x}{r}, \frac{y}{r}, \frac{z}{r}\right) \qquad (r = |\boldsymbol{r}|)$$

について，rot $\boldsymbol{u}$ を求めよう!

§ 9 の (8) 式 (47 ページ) によって，

(4)　$$\frac{\partial r}{\partial x} = \frac{x}{r}, \quad \frac{\partial r}{\partial y} = \frac{y}{r}, \quad \frac{\partial r}{\partial z} = \frac{z}{r}.$$

(2) 式と (3) 式によって，

$$\mathrm{rot}\ \boldsymbol{u} = \begin{vmatrix} \boldsymbol{i} & \boldsymbol{j} & \boldsymbol{k} \\ D_x & D_y & D_z \\ \dfrac{x}{r} & \dfrac{y}{r} & \dfrac{z}{r} \end{vmatrix}.$$

ここで，（ 4 ）式を用いれば，

$$\frac{\partial}{\partial y}\left(\frac{z}{r}\right) = z(-1)r^{-2}\frac{\partial r}{\partial y} = -\frac{z}{r^2}\cdot\frac{y}{r} = -\frac{yz}{r^3}.$$

同様にして，

$$\frac{\partial}{\partial z}\left(\frac{y}{r}\right) = -\frac{yz}{r^3}.$$

$$\therefore \qquad \mathrm{rot}\ \boldsymbol{u}\ の\ \boldsymbol{i}\text{-成分} = \frac{\partial}{\partial y}\left(\frac{z}{r}\right) - \frac{\partial}{\partial z}\left(\frac{y}{r}\right) = 0.$$

まったく，同様にして，rot $\boldsymbol{u}$ の $\boldsymbol{j}$-成分も $\boldsymbol{k}$-成分も 0 となる． したがって，

$$\mathrm{rot}\ \boldsymbol{u} = \boldsymbol{0}.$$

（例 1 終）

3. 保存力場と回転　$\boldsymbol{F} = (X, Y, Z)$ を，領域 D 上の保存力場とすれば，§ 9 の 3 項（47 ページ）によって，

$$(5) \qquad \boldsymbol{F} = -\mathrm{grad}\ U$$

となるスカラー場 U が存在する； すなわち，

$$X = -\frac{\partial U}{\partial x}, \quad Y = -\frac{\partial U}{\partial y}, \quad Z = -\frac{\partial U}{\partial z}.$$

したがって，

$$\frac{\partial^2 U}{\partial x \partial y} = \frac{\partial^2 U}{\partial y \partial x}, \quad \frac{\partial^2 U}{\partial y \partial z} = \frac{\partial^2 U}{\partial z \partial y}, \quad \frac{\partial^2 U}{\partial z \partial x} = \frac{\partial^2 U}{\partial x \partial z}$$

に注意すれば，

$$(6)\ \mathrm{rot}\ \boldsymbol{F} = \begin{vmatrix} \boldsymbol{i} & \boldsymbol{j} & \boldsymbol{k} \\ \frac{\partial}{\partial x} & \frac{\partial}{\partial y} & \frac{\partial}{\partial z} \\ X & Y & Z \end{vmatrix} = \begin{vmatrix} \boldsymbol{i} & \boldsymbol{j} & \boldsymbol{k} \\ \frac{\partial}{\partial x} & \frac{\partial}{\partial y} & \frac{\partial}{\partial z} \\ -\frac{\partial U}{\partial x} & -\frac{\partial U}{\partial y} & -\frac{\partial U}{\partial z} \end{vmatrix} = \boldsymbol{0}.$$

逆に，

$$\mathrm{rot}\ \boldsymbol{F} = \boldsymbol{0},$$

すなわち，

$$(7) \qquad \frac{\partial Y}{\partial z} = \frac{\partial Z}{\partial y}, \quad \frac{\partial Z}{\partial x} = \frac{\partial X}{\partial z}, \quad \frac{\partial X}{\partial y} = \frac{\partial Y}{\partial x}$$

ならば，U を，

$$(8) \qquad U(x, y, z)$$

$$\equiv -\left\{\int_{x_0}^{x} X(\xi, y_0, z_0)\,d\xi + \int_{y_0}^{y} Y(x, \eta, z_0)\,d\eta + \int_{z_0}^{y} Z(x, y, \zeta)\,d\zeta\right\}$$

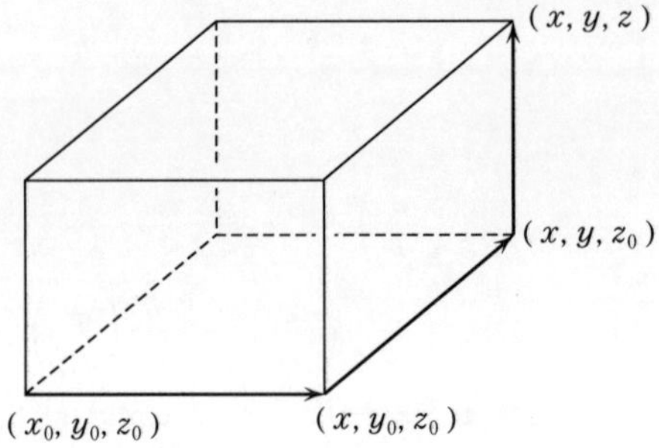

図 1: （8）式の右辺の積分の積分路をしめす図.

（図 1）によって定義するとき,

$$\frac{\partial U}{\partial x} = -\left\{ X(x, y_0, z_0) + \int_{y_0}^{y} \frac{\partial Y}{\partial x}(x, \eta, z_0)\, d\eta + \int_{z_0}^{z} \frac{\partial Z}{\partial x}(x, y, \zeta)\, d\zeta \right\}$$

$$= -\left\{ X(x, y_0, z_0) + \int_{y_0}^{y} \frac{\partial X}{\partial y}(x, \eta, z_0)\, d\eta + \int_{z_0}^{z} \frac{\partial X}{\partial z}(x, y, \zeta)\, d\zeta \right\}$$

（∵ （7）式）

$$= -[X(x, y_0, z_0) + \{ X(x, y, z_0) - X(x, y_0, z_0)\} + \{ X(x, y, z) - X(x, y, z_0)\}]$$

$$= - X(x, y, z).$$

同様にして,

$$\frac{\partial U}{\partial y} = - Y(x, y, z), \quad \frac{\partial U}{\partial z} = - Z(x, y, z).$$

ゆえに,

$$\boldsymbol{F} = - \mathrm{grad}\, U.$$

したがって, もし, U が 1 価関数ならば, $\boldsymbol{F}$ は保存力場をなす.

以上の結果から, つぎの定理がえられる:

> **定理 1**　ベクトル場 $\boldsymbol{F}$ が，領域 D で保存力場であれば，
>
> (9)　$$\mathrm{rot}\ \boldsymbol{F} = \boldsymbol{0} \qquad (D).$$
>
> 逆に，(9) 式がなりたてば，(5) 式をみたす $\boldsymbol{F}$ のポテンシャル U が存在する．　そして，U が 1 価関数ならば，$\boldsymbol{F}$ は保存力場をなす．　**(保存力場であるための条件)**

一般に，(9) 式をみたすベクトル場 $\boldsymbol{F}$ は，**うずなし** であるという (§ 18 の 4 項 (110 ページ) 参照).

4. ポテンシャル U が 1 価でない例

例 2.　空間から z-軸 を除いた領域:

$$D = \{ (x, y, z) \mid 0 < x^2 + y^2 < \infty \} \quad \text{で,}$$

(10)　$$U = -\tan^{-1}\frac{y}{x}$$

を考える；ここに，$v = \tan^{-1} u$ は $u = \tan v$ の逆関数で，無限多価関数である (いわゆる，主値ではない)．　このとき，

$$X = -\frac{\partial U}{\partial x} = \frac{-\dfrac{y}{x^2}}{1+\left(\dfrac{y}{x}\right)^2} = \frac{-y}{r^2},$$

$$Y = -\frac{\partial U}{\partial y} = \frac{\dfrac{1}{x}}{1+\left(\dfrac{y}{x}\right)^2} = \frac{x}{r^2},$$

$$Z = -\frac{\partial U}{\partial z} = 0 \qquad (r^2 = x^2 + y^2).$$

ゆえに，$x = r\cos\theta$，$y = r\sin\theta$ とするとき (**図 2**)，

$$\boldsymbol{F} = (X, Y, Z) = \left(\frac{-y}{r^2}, \frac{x}{r^2}, 0\right)$$
$$= \left(\frac{1}{r}\cos\left(\theta + \frac{\pi}{2}\right), \frac{1}{r}\sin\left(\theta + \frac{\pi}{2}\right), 0\right)$$

であって，$\boldsymbol{F}$ の大きさは，$\dfrac{1}{r}$ (z-軸からの距離の逆数) で，向きは，つぎのページの **図 2** にしめされたような向きである．

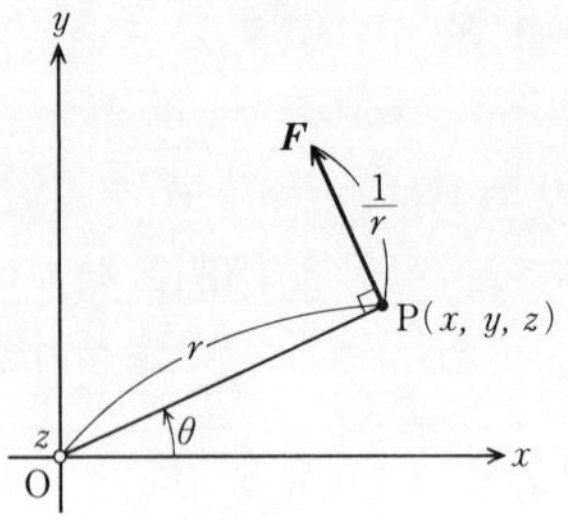

図 2: $\boldsymbol{F}$ の大きさと，向きをしめす図.

$$\frac{\partial Y}{\partial z} = \frac{\partial Z}{\partial y} = 0, \quad \frac{\partial Z}{\partial x} = \frac{\partial X}{\partial z} = 0,$$
$$\frac{\partial X}{\partial y} = \frac{\partial Y}{\partial x} = \frac{y^2 - x^2}{(x^2 + y^2)^2}$$

だから，$\mathrm{rot}\,\boldsymbol{F} = 0$ となって，条件(9)はみたされる．　しかし，$\boldsymbol{F}$ のポテンシャル(10)は，1 価でない．　　(例 2 終)

問 1.　つぎのベクトル場 $\boldsymbol{a}$ に対して，$\mathrm{rot}\,\boldsymbol{a}$ を求めよ($\boldsymbol{r} = x\boldsymbol{i} + y\boldsymbol{j} + z\boldsymbol{k}$, $r = |\boldsymbol{r}|$; a, b, c は定数):

(1) $\boldsymbol{a} = \boldsymbol{r}$.

(2) $\boldsymbol{a} = z\boldsymbol{i} + x\boldsymbol{j} + y\boldsymbol{k}$.

(3) $\boldsymbol{a} = y^2\boldsymbol{i} + z^2\boldsymbol{j} + x^2\boldsymbol{k}$.

(4) $\boldsymbol{a} = (bz - cy)\boldsymbol{i} + (cx - az)\boldsymbol{j} + (ay - bx)\boldsymbol{k}$.

(5) $\boldsymbol{a} = r^2\boldsymbol{r}$.

(6) $\boldsymbol{a} = \dfrac{\boldsymbol{r}}{r^3}$.

問 2.　つぎのベクトル場 $\boldsymbol{a}$ において，$f(x, y)$ は任意関数であるとする．　そのとき，3 項の結果を利用して，$\boldsymbol{a}$ は，関数 f を適当にえらぶことによって，保存系にすることができることをしめし，$\boldsymbol{a}$ のポテンシャルを求めよ:

(1) $\boldsymbol{a} = 2xyz\boldsymbol{i} + x^2z\boldsymbol{j} + f(x, y)\boldsymbol{k}$.

(2) $\boldsymbol{a} = ye^{xy}\boldsymbol{i} + xe^{xy}\boldsymbol{j} + f(x, y)\boldsymbol{k}$.

§　12.　勾配・発散・回転の公式

1.　基本公式　grad，div，rot の演算に関する，基本的な公式を，導びいておこう！

定理　1　f, g はスカラー場，$\boldsymbol{a}$, $\boldsymbol{b}$ はベクトル場，k, l は定数とし，$\boldsymbol{a} = a_1\boldsymbol{i} + a_2\boldsymbol{j} + a_3\boldsymbol{k}$，$\boldsymbol{b} = b_1\boldsymbol{i} + b_2\boldsymbol{j} + b_3\boldsymbol{k}$　とする．

（ i ）　定数倍，和の勾配・発散・回転

（１）　$\mathrm{grad}\,(kf + lg) = k\,\mathrm{grad}\,f + l\,\mathrm{grad}\,g,$

（ **定数倍，和の勾配の公式** ）

（２）　$\mathrm{div}\,(k\boldsymbol{a} + l\boldsymbol{b}) = k\,\mathrm{div}\,\boldsymbol{a} + l\,\mathrm{div}\,\boldsymbol{b},$

（ **定数倍，和の発散の公式** ）

（３）　$\mathrm{rot}\,(k\boldsymbol{a} + l\boldsymbol{b}) = k\,\mathrm{rot}\,\boldsymbol{a} + l\,\mathrm{rot}\,\boldsymbol{b}.$

（ **定数倍，和の回転の公式** ）

（ ii ）　積の勾配・発散・回転

（４）　$\mathrm{grad}\,(fg) = (\mathrm{grad}\,f)g + f\,\mathrm{grad}\,g,$

（ **積の勾配の公式** ）

（５）　$\mathrm{div}\,(f\boldsymbol{a}) = (\mathrm{grad}\,f)\cdot\boldsymbol{a} + f\,\mathrm{div}\,\boldsymbol{a},$

（ **積の発散の公式** ）

（６）　$\mathrm{rot}\,(f\boldsymbol{a}) = (\mathrm{grad}\,f)\times\boldsymbol{a} + f\,\mathrm{rot}\,\boldsymbol{a}.$

（ **積の回転の公式** ）

（ iii ）　内積，外積の勾配・発散・回転

（７）　$\mathrm{grad}\,(\boldsymbol{a}\cdot\boldsymbol{b}) = \boldsymbol{a}\times\mathrm{rot}\,\boldsymbol{b} + \boldsymbol{b}\times\mathrm{rot}\,\boldsymbol{a}$

$$+\left(b_1\frac{\partial\boldsymbol{a}}{\partial x} + b_2\frac{\partial\boldsymbol{a}}{\partial y} + b_3\frac{\partial\boldsymbol{a}}{\partial z}\right) + \left(a_1\frac{\partial\boldsymbol{b}}{\partial x} + a_2\frac{\partial\boldsymbol{b}}{\partial y} + a_3\frac{\partial\boldsymbol{b}}{\partial z}\right),$$

（ **内積の勾配の公式** ）

（８）　$\mathrm{div}\,(\boldsymbol{a}\times\boldsymbol{b}) = (\mathrm{rot}\,\boldsymbol{a})\cdot\boldsymbol{b} - \boldsymbol{a}\cdot(\mathrm{rot}\,\boldsymbol{b}),$

（ **外積の発散の公式** ）

（９）　$\mathrm{rot}\,(\boldsymbol{a}\times\boldsymbol{b})$

$$= \left(b_1\frac{\partial\boldsymbol{a}}{\partial x} + b_2\frac{\partial\boldsymbol{a}}{\partial y} + b_3\frac{\partial\boldsymbol{a}}{\partial z}\right) - \left(a_1\frac{\partial\boldsymbol{b}}{\partial x} + a_2\frac{\partial\boldsymbol{b}}{\partial y} + a_3\frac{\partial\boldsymbol{b}}{\partial z}\right)$$

$+\ \boldsymbol{a}\,\mathrm{div}\,\boldsymbol{b} - \boldsymbol{b}\,\mathrm{div}\,\boldsymbol{a}.$　（ **外積の回転の公式** ）

（iv） 勾配・発散・回転の合成

（10） $\mathrm{rot}\ \mathrm{grad}\ f = \mathbf{0}$, （ rot grad **の公式** ）

（11） $\mathrm{div}\ \mathrm{rot}\ \boldsymbol{a} = 0$, （ div rot **の公式** ）

（12） $\mathrm{rot}\ \mathrm{rot}\ \boldsymbol{a} = \mathrm{grad}\ \mathrm{div}\ \boldsymbol{a} - \mathrm{div}\ \mathrm{grad}\ \boldsymbol{a}$.

（ rot rot **の公式** ）

証明　（ i ）の（ 1 ）～（ 3 ）の各式，および，（ ii ）の（ 4 ）～（ 6 ）の各式は，簡単である．

このあと，

（13）

$$\mathrm{rot}\ \boldsymbol{a} = \left(\frac{\partial a_3}{\partial y} - \frac{\partial a_2}{\partial z}\right)\boldsymbol{i} + \left(\frac{\partial a_1}{\partial z} - \frac{\partial a_3}{\partial x}\right)\boldsymbol{j} + \left(\frac{\partial a_2}{\partial x} - \frac{\partial a_1}{\partial y}\right)\boldsymbol{k},$$

（14）

$$\mathrm{rot}\ \boldsymbol{b} = \left(\frac{\partial b_3}{\partial y} - \frac{\partial b_2}{\partial z}\right)\boldsymbol{i} + \left(\frac{\partial b_1}{\partial z} - \frac{\partial b_3}{\partial x}\right)\boldsymbol{j} + \left(\frac{\partial b_2}{\partial x} - \frac{\partial b_1}{\partial y}\right)\boldsymbol{k},$$

（15）

$$\boldsymbol{a} \times \boldsymbol{b} = (a_2 b_3 - a_3 b_2)\boldsymbol{i} + (a_3 b_1 - a_1 b_3)\boldsymbol{j} + (a_1 b_2 - a_2 b_1)\boldsymbol{k}$$

を利用して，計算しよう．

（iii） （ 7 ）式の証明:

（13），（14），（15）の 3 式によって，

（ 7 ）式の右辺の $\boldsymbol{i}$-成分

$$\begin{aligned}
= &\left\{a_2\left(\frac{\partial b_2}{\partial x} - \frac{\partial b_1}{\partial y}\right) - a_3\left(\frac{\partial b_1}{\partial z} - \frac{\partial b_3}{\partial x}\right)\right\} \\
&+ \left\{b_2\left(\frac{\partial a_2}{\partial x} - \frac{\partial a_1}{\partial y}\right) - b_3\left(\frac{\partial a_1}{\partial z} - \frac{\partial a_3}{\partial x}\right)\right\} \\
&+ \left(b_1\frac{\partial a_1}{\partial x} + b_2\frac{\partial a_1}{\partial y} + b_3\frac{\partial a_1}{\partial z}\right) + \left(a_1\frac{\partial b_1}{\partial x} + a_2\frac{\partial b_1}{\partial y} + a_3\frac{\partial b_1}{\partial z}\right) \\
= &\left(a_1\frac{\partial b_1}{\partial x} + \frac{\partial a_1}{\partial x}b_1\right) + \left(a_2\frac{\partial b_2}{\partial x} + \frac{\partial a_2}{\partial x}b_2\right) + \left(a_3\frac{\partial b_3}{\partial x} + \frac{\partial a_3}{\partial x}b_3\right) \\
= &\frac{\partial}{\partial x}(a_1 b_1 + a_2 b_2 + a_3 b_3) = \frac{\partial}{\partial x}(\boldsymbol{a} \cdot \boldsymbol{b})
\end{aligned}$$

＝（ 7 ）式の左辺の $\boldsymbol{i}$-成分．

（ 7 ）式の $\boldsymbol{j}$-成分，$\boldsymbol{k}$-成分についても同様である．

（ 8 ）式の証明:

（13），（14），（15）の 3 式によって，

（８）式の右辺

$$= \left\{\left(\frac{\partial a_3}{\partial y}-\frac{\partial a_2}{\partial z}\right)b_1+\left(\frac{\partial a_1}{\partial z}-\frac{\partial a_3}{\partial x}\right)b_2+\left(\frac{\partial a_2}{\partial x}-\frac{\partial a_1}{\partial y}\right)b_3\right\}$$

$$-\left\{a_1\left(\frac{\partial b_3}{\partial y}-\frac{\partial b_2}{\partial z}\right)+a_2\left(\frac{\partial b_1}{\partial z}-\frac{\partial b_3}{\partial x}\right)+a_3\left(\frac{\partial b_2}{\partial x}-\frac{\partial b_1}{\partial y}\right)\right\}$$

$$= \left\{\left(\frac{\partial a_2}{\partial x}b_3+a_2\frac{\partial b_3}{\partial x}\right)-\left(\frac{\partial a_3}{\partial x}b_2+a_3\frac{\partial b_2}{\partial x}\right)\right\}$$

$$+\left\{\left(\frac{\partial a_3}{\partial y}b_1+a_3\frac{\partial b_1}{\partial y}\right)-\left(\frac{\partial a_1}{\partial y}b_3+a_1\frac{\partial b_3}{\partial y}\right)\right\}$$

$$+\left\{\left(\frac{\partial a_1}{\partial z}b_2+a_1\frac{\partial b_2}{\partial z}\right)-\left(\frac{\partial a_2}{\partial z}b_1+a_2\frac{\partial b_1}{\partial z}\right)\right\}$$

$$= \frac{\partial}{\partial x}(a_2b_3-a_3b_2)+\frac{\partial}{\partial y}(a_3b_1-a_1b_3)+\frac{\partial}{\partial z}(a_1b_2-a_2b_1)$$

＝（８）式の左辺.

（９）式の証明:

（15）式によって,

（９）式の左辺の $\boldsymbol{i}$-成分

$$= \frac{\partial}{\partial y}(a_1b_2-a_2b_1)-\frac{\partial}{\partial z}(a_3b_1-a_1b_3)$$

$$= \left(\frac{\partial a_1}{\partial y}b_2+a_1\frac{\partial b_2}{\partial y}\right)-\left(\frac{\partial a_2}{\partial y}b_1+a_2\frac{\partial b_1}{\partial y}\right)$$

$$-\left(\frac{\partial a_3}{\partial z}b_1+a_3\frac{\partial b_1}{\partial z}\right)+\left(\frac{\partial a_1}{\partial z}b_3+a_1\frac{\partial b_3}{\partial z}\right)$$

$$= \left(b_2\frac{\partial a_1}{\partial y}+b_3\frac{\partial a_1}{\partial z}\right)-\left(a_2\frac{\partial b_1}{\partial y}+a_3\frac{\partial b_1}{\partial z}\right)$$

$$+a_1\left(\frac{\partial b_2}{\partial y}+\frac{\partial b_3}{\partial z}\right)-b_1\left(\frac{\partial a_2}{\partial y}+\frac{\partial a_3}{\partial z}\right)$$

$$= \left(b_1\frac{\partial a_1}{\partial x}+b_2\frac{\partial a_1}{\partial y}+b_3\frac{\partial a_1}{\partial z}\right)-\left(a_1\frac{\partial b_1}{\partial x}+a_2\frac{\partial b_1}{\partial y}+a_3\frac{\partial b_1}{\partial z}\right)$$

$$+a_1\left(\frac{\partial b_1}{\partial x}+\frac{\partial b_2}{\partial y}+\frac{\partial b_3}{\partial z}\right)-b_1\left(\frac{\partial a_1}{\partial x}+\frac{\partial a_2}{\partial y}+\frac{\partial a_3}{\partial z}\right)$$

＝（９）式の右辺の $\boldsymbol{i}$-成分.

（９）式の $\boldsymbol{j}$-成分, $\boldsymbol{k}$-成分についても同様である.

（iv）（10）式は, $U=f$ とおけば, §11 の（５）式と（６）式（53 ページ）からえられる.

(11) 式の証明:

(13) 式 によって,

div rot $\boldsymbol{a}$

$$= \frac{\partial}{\partial x}\left(\frac{\partial a_3}{\partial y} - \frac{\partial a_2}{\partial z}\right) + \frac{\partial}{\partial y}\left(\frac{\partial a_1}{\partial z} - \frac{\partial a_3}{\partial x}\right) + \frac{\partial}{\partial z}\left(\frac{\partial a_2}{\partial x} - \frac{\partial a_1}{\partial y}\right)$$

$$= \frac{\partial^2 a_3}{\partial x \partial y} - \frac{\partial^2 a_2}{\partial x \partial z} + \frac{\partial^2 a_1}{\partial y \partial z} - \frac{\partial^2 a_3}{\partial y \partial x} + \frac{\partial^2 a_2}{\partial z \partial x} - \frac{\partial^2 a_1}{\partial z \partial y}$$

$$= 0.$$

(12) 式の証明:

(13)式 によって,

(12) 式 の左辺の $\boldsymbol{i}$-成分

$$= \frac{\partial}{\partial y}\left(\frac{\partial a_2}{\partial x} - \frac{\partial a_1}{\partial y}\right) - \frac{\partial}{\partial z}\left(\frac{\partial a_1}{\partial z} - \frac{\partial a_3}{\partial x}\right)$$

$$= \frac{\partial^2 a_2}{\partial y \partial x} - \frac{\partial^2 a_1}{\partial y^2} - \frac{\partial^2 a_1}{\partial z^2} + \frac{\partial^2 a_3}{\partial z \partial x}$$

$$= \frac{\partial}{\partial x}\left(\frac{\partial a_1}{\partial x} + \frac{\partial a_2}{\partial y} + \frac{\partial a_3}{\partial z}\right) - \left(\frac{\partial^2 a_1}{\partial x^2} + \frac{\partial^2 a_1}{\partial y^2} + \frac{\partial^2 a_1}{\partial z^2}\right)$$

= (12) 式 の右辺の $\boldsymbol{i}$-成分.

(12) 式 の $\boldsymbol{j}$-成分, $\boldsymbol{k}$-成分についても同様である. (証明終)

2. ナブラ grad, div, rot の演算を, 簡単にあらわし, その上, 計算を円滑に行えるようにするために, **ナブラ** とよばれるベクトル演算子:

(16)	$\nabla \equiv \boldsymbol{i}\dfrac{\partial}{\partial x} + \boldsymbol{j}\dfrac{\partial}{\partial y} + \boldsymbol{k}\dfrac{\partial}{\partial z}$	(**ナブラ ∇ の定義式**)

を導入するのが便利である.

これを使えば, つぎのような, 簡単な表示がえられることが, ただちにわかる:

(17)	grad $f = \nabla f$,	(**勾配のナブラ表示**)
(18)	div $\boldsymbol{a} = \nabla \cdot \boldsymbol{a}$,	(**発散のナブラ表示**)
(19)	rot $\boldsymbol{a} = \nabla \times \boldsymbol{a}$.	(**回転のナブラ表示**)

さらに，$\boldsymbol{a} = a_1\boldsymbol{i} + a_2\boldsymbol{j} + a_3\boldsymbol{k}$ とすれば，内積 $\boldsymbol{a}\cdot\nabla$ は，微分演算子:

(20)
$$\boldsymbol{a}\cdot\nabla = a_1\frac{\partial}{\partial x} + a_2\frac{\partial}{\partial y} + a_3\frac{\partial}{\partial z}$$

（**ベクトルとナブラの内積**）

をあらわす. （18）式と（20）式から，$\nabla\cdot\boldsymbol{a} \neq \boldsymbol{a}\cdot\nabla$ であることに注意されたい!

ナブラ ∇ を用いれば，（17）～（20） の各式を利用して，たとえば，内積の勾配の公式（7），外積の回転の公式（9）は，それぞれ，つぎのように，簡単に，あらわすことができる:

（7）′
$$\nabla(\boldsymbol{a}\cdot\boldsymbol{b}) = \boldsymbol{a}\times(\nabla\times\boldsymbol{b}) + \boldsymbol{b}\times(\nabla\times\boldsymbol{a}) + (\boldsymbol{b}\cdot\nabla)\boldsymbol{a} + (\boldsymbol{a}\cdot\nabla)\boldsymbol{b},$$

（9）′
$$\nabla\times(\boldsymbol{a}\times\boldsymbol{b}) = (\boldsymbol{b}\cdot\nabla)\boldsymbol{a} - (\boldsymbol{a}\cdot\nabla)\boldsymbol{b} + \boldsymbol{a}(\nabla\cdot\boldsymbol{b}) - \boldsymbol{b}(\nabla\cdot\boldsymbol{a}).$$

3. ラプラス方程式・重調和方程式

$$\nabla^2 \equiv \nabla\cdot\nabla = \mathrm{div\ grad} = \left(\boldsymbol{i}\frac{\partial}{\partial x} + \boldsymbol{j}\frac{\partial}{\partial y} + \boldsymbol{k}\frac{\partial}{\partial z}\right)\left(\boldsymbol{i}\frac{\partial}{\partial x} + \boldsymbol{j}\frac{\partial}{\partial y} + \boldsymbol{k}\frac{\partial}{\partial z}\right) = \frac{\partial^2}{\partial x^2} + \frac{\partial^2}{\partial y^2} + \frac{\partial^2}{\partial z^2}.$$

この ∇^2 を Δ であらわして，**ラプラス演算子** または **ラプラシアン** とよぶ:

(21)
$$\Delta \equiv \nabla^2 = \mathrm{div\ grad} = \frac{\partial^2}{\partial x^2} + \frac{\partial^2}{\partial y^2} + \frac{\partial^2}{\partial z^2}.$$

（**ラプラス演算子の定義式**）

方程式:

(22)
$$\Delta u = \nabla^2 u = \frac{\partial^2 u}{\partial x^2} + \frac{\partial^2 u}{\partial y^2} + \frac{\partial^2 u}{\partial z^2} = 0$$

（**ラプラス方程式の定義式**）

を **ラプラス方程式** とよび，ラプラス方程式（22）をみたす関数:

$u = u(x, y, z)$ を **調和関数** という． ラプラス方程式は，非圧縮非粘性流体の定常流（§18（106 ページ）参照），重力場のポテンシャル，静電気学における電荷の分布によって生ずるポテンシャル，熱伝導問題における定常温度分布など，時間に関係しない定常状態を記述する重要な方程式である．

つぎに，演算子：

$$\nabla^4 = \nabla^2\nabla^2$$
$$= \left(\frac{\partial^2}{\partial x^2} + \frac{\partial^2}{\partial y^2} + \frac{\partial^2}{\partial z^2}\right)\left(\frac{\partial^2}{\partial x^2} + \frac{\partial^2}{\partial y^2} + \frac{\partial^2}{\partial z^2}\right)$$
$$= \frac{\partial^4}{\partial x^4} + \frac{\partial^4}{\partial y^4} + \frac{\partial^4}{\partial z^4} + 2\left(\frac{\partial^4}{\partial x^2\partial y^2} + \frac{\partial^4}{\partial y^2\partial z^2} + \frac{\partial^4}{\partial z^2\partial x^2}\right)$$

は，**重調和演算子** とよばれる． **重調和方程式**：

(23) $$\nabla^4 f = \nabla^2(\nabla^2 f) = 0$$

（**重調和方程式の定義式**）

は，構造力学，流体力学などで重要な方程式である．

＊**問 1.** （7）′ 式，（9）′ 式にならって，**定理 1** の各公式：（1）～（12）を，ナブラ ∇ を用いてあらわせ．

問 2. $\boldsymbol{a}$ をベクトル場，$\boldsymbol{r}$ を位置ベクトル，$r = |\boldsymbol{r}|$，$\boldsymbol{c}$ を定数ベクトルとするとき，つぎの等式を証明せよ：

（1） $(\boldsymbol{a}\cdot\nabla)(\boldsymbol{c}\cdot\boldsymbol{r}) = \boldsymbol{a}\cdot\boldsymbol{c}$.

（2） $(\boldsymbol{a}\cdot\nabla)\boldsymbol{r}\log r = \boldsymbol{a}\log r + \boldsymbol{r}\dfrac{\boldsymbol{a}\cdot\boldsymbol{r}}{r^2}$.

（3） $(\boldsymbol{a}\cdot\nabla)\boldsymbol{a} = \dfrac{1}{2}\nabla(|\boldsymbol{a}|^2) - \boldsymbol{a}\times\nabla\times\boldsymbol{a}$.

問 3. $\boldsymbol{r}$ を位置ベクトル，$\boldsymbol{c}$ を $\boldsymbol{0}$ でない定数ベクトル，$f = (\boldsymbol{c}\cdot\boldsymbol{r})^n$（$n$ は負でない整数） とするとき，

（1） f が，ラプラス方程式： $\nabla^2 f \equiv \nabla\cdot\nabla f = 0$ の解であるのは，$n = 0, 1$ のときにかぎることを証明せよ．

（2） f が，重調和方程式： $\nabla^4 f \equiv \nabla^2(\nabla^2 f) = 0$ の解であるのは，$n = 0, 1, 2, 3$ のときにかぎることを証明せよ．

問 4. $\boldsymbol{r}$ を位置ベクトル，$r = |\boldsymbol{r}|$，$\boldsymbol{e}$ を単位定数ベクトル，$f = r(r - \boldsymbol{e}\cdot\boldsymbol{r})$，$\boldsymbol{a} = \boldsymbol{r}\times\boldsymbol{e}$ とするとき，つぎの等式を証明せよ：

（1） $\mathrm{rot}\ \boldsymbol{a} = -2\boldsymbol{e}$.

（2） $\mathrm{grad}\ f = \left(2 - \boldsymbol{e}\cdot\dfrac{\boldsymbol{r}}{r}\right)\boldsymbol{r} - r\boldsymbol{e}$.

問 5. f をスカラー場，$\boldsymbol{a}$ をベクトル場とするとき，公式：（6），（5）と§3 の（2）式（13 ページ）を利用して，つぎの等式を証明せよ：

$$|\nabla\times(f\boldsymbol{a}) - f\nabla\times\boldsymbol{a}|^2 + \{\nabla\cdot f\boldsymbol{a} - f\nabla\cdot\boldsymbol{a}\}^2 = |\boldsymbol{a}|^2|\nabla f|^2.$$

問 6. f をスカラー場，$\boldsymbol{r}$ を位置ベクトルとするとき，公式：（8），（10）を利用して，つぎの等式を証明せよ：

$$\nabla\cdot(\boldsymbol{r}\times\nabla f) = 0.$$

問 7. $\boldsymbol{r}$ を位置ベクトル，$r = |\boldsymbol{r}|$ とし，$\boldsymbol{a}$ はベクトル場，$f(r)$ は r だけの関数とする．

（1） $\nabla f = f'(r)\cdot\dfrac{\boldsymbol{r}}{r}$ を証明せよ．

（2）（1）の結果と，公式：（5），（8）を利用して，つぎの等式を証明せよ：

$$\nabla\cdot\{f(r)(\boldsymbol{a}\times\boldsymbol{r})\} = \{\boldsymbol{r}\cdot(\nabla\times\boldsymbol{a})\}f(r).$$

5

積分定理

§ 13. ストークスの定理

1. 滑らかな曲線・滑らかな曲面　平面または空間において，接線が連続的に変化する曲線は，**滑らかな曲線** とよばれる．　有限個の滑らかな曲線をつなぐことによってえられる曲線を，**区分的に滑らかな曲線** という（図 1）．　始点と終点が一致する曲線を，**閉曲線** という（図 2）．　自分自身と交わらない曲線は，**単純** であるという（図 2）．

法線が連続的に変化する曲面を，**滑らかな曲面** という．　たとえば，球面，だ円面，半球面，放物面，など．　区分的に滑らかな境界をもつ有限個の滑らかな曲面を，境界の一部または全部に沿ってつなぐことによってえられる曲面を，**区分的に滑らかな曲面** という．　たとえば，直方体の表面，4 面体

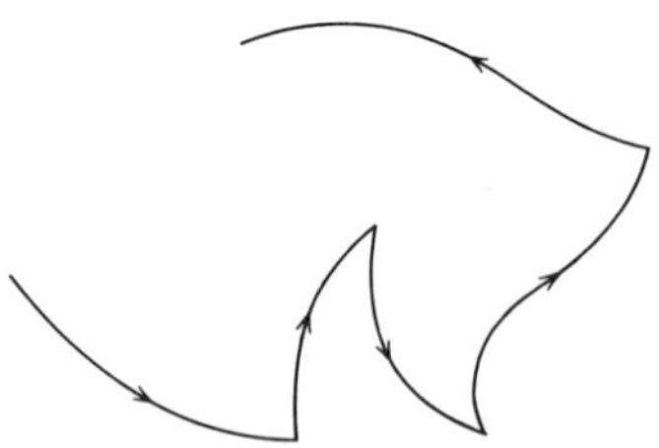

図　1:　区分的に滑らかな曲線

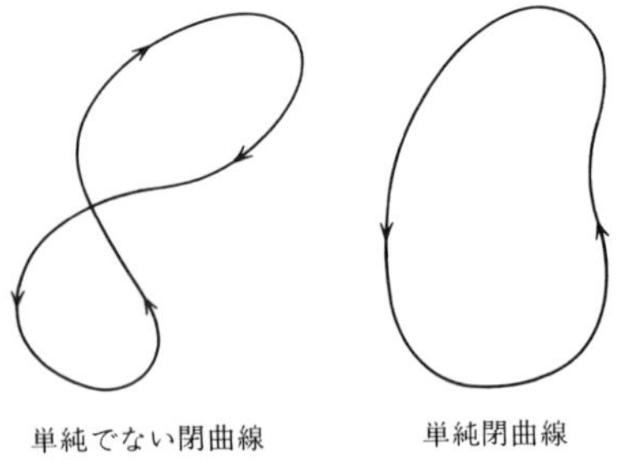

図　2:　閉曲線

の表面，4 角すい台の側面，など．　境界をもたない有界な曲面を，**閉曲面**という．　球面，だ円面，直方体の表面，4 面体の表面，などは，閉曲面である．　半球面，4 角すい台の側面，などは，境界をもった曲面である．さらに，放物面は，有界でない曲面である．　今後，取りあつかう曲面は，すべて，表裏の区別ができる曲面であるとする．

2. ストークスの定理

定理 1　S は，区分的に滑らかな曲面であって，その境界 C は，有限個の区分的に滑らかな単純閉曲線からなっているとする．　そのとき，$S+C$ 上で連続な偏導関数をもつベクトル場 $\boldsymbol{a}$ に対して，

$$(1)\qquad \iint_S (\mathrm{rot}\ \boldsymbol{a})\cdot d\boldsymbol{S} = \int_C \boldsymbol{a}\cdot d\boldsymbol{r} \qquad (\ d\boldsymbol{S} = \boldsymbol{n}\, dS\ )$$

（**ストークスの定理**）

がなりたつ；　ここに，$\boldsymbol{n}$ は S の表側に立てられた単位法線ベクトル，$\boldsymbol{r}$ は C 上の点の位置ベクトル，C の向きは S に関して正の向き（S の表側を左に見る向き）とする（図 3）．

$\boldsymbol{t}$ を C の点での単位接線ベクトル，s を C の弧長とし，$\boldsymbol{a}=(a_1, a_2, a_3)$，$\boldsymbol{n}=(n_1, n_2, n_3)$ とおくとき，（1）式は，つぎの形にあらわすこともできる：

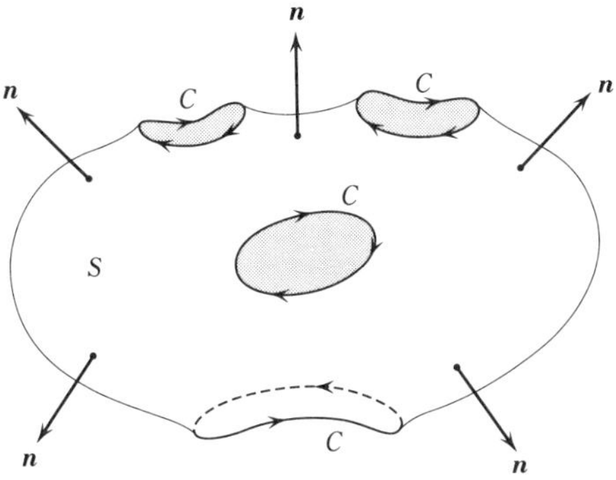

図 3：　S は，区分的に滑らかな曲面であって，その境界 C は，有限個の区分的に滑らかな単純閉曲線からなっているとする．曲線 C の向きは，S の表側を左に見る向きで，$\boldsymbol{n}$ は S の表側に立てられた単位法線ベクトルとする．

（2）
$$\iint_S (\mathrm{rot}\ \boldsymbol{a})\cdot d\boldsymbol{S} = \int_C \boldsymbol{a}\cdot\boldsymbol{t}\ ds,$$
または，

（3）
$$\iint_S \left\{\left(\frac{\partial a_3}{\partial y}-\frac{\partial a_2}{\partial z}\right)n_1+\left(\frac{\partial a_1}{\partial z}-\frac{\partial a_3}{\partial x}\right)n_2+\left(\frac{\partial a_2}{\partial x}-\frac{\partial a_1}{\partial y}\right)n_3\right\} dS$$
$$=\int_C a_1\,dx + a_2\,dy + a_3\,dz.$$
（**ストークスの定理**）

証明　S を有限個の滑らかな部分曲面: $S_1, S_2, \cdots, S_m$ に分け，各 S_k（$k=1, \cdots, m$）の境界 C_k は，ただ 1 つの単純閉曲線からなるようにし，C_k の向きは，S_x に関して正の向きをもつとする（**図 4**）. そのとき，

$$\left(\iint_{S_1} + \cdots + \iint_{S_m}\right)(\mathrm{rot}\ \boldsymbol{a})\cdot d\boldsymbol{S} = \iint_S (\mathrm{rot}\ \boldsymbol{a})\cdot d\boldsymbol{S},$$
$$\left(\int_{C_1} + \cdots + \int_{C_m}\right)\boldsymbol{a}\cdot\boldsymbol{t}\ ds = \int_C \boldsymbol{a}\cdot\boldsymbol{t}\ ds$$

がなりたつ.　なぜならば，最初の等式は明白であり，第 2 の等式については，S の内部にあるすべての C_k の部分弧の全体は，曲線の向きが反対のものが，対(つい)になって存在し（**図 4**），$\boldsymbol{a}\cdot\boldsymbol{t}$ は，曲線の向きが反対になれば，絶対値は同じで符号がかわるから，その対(つい)の上での積分の値は，たがいに打消しあって 0 になる.　したがって，各部分曲面 S_k について，公式（1）を証明すれば十分である.

必要ならば，さらに小さい部分曲面に分けることによって，各 S_k は，z-軸（あるいは，x-軸，または，y-軸）に平行な任意の直線 l と，高だ

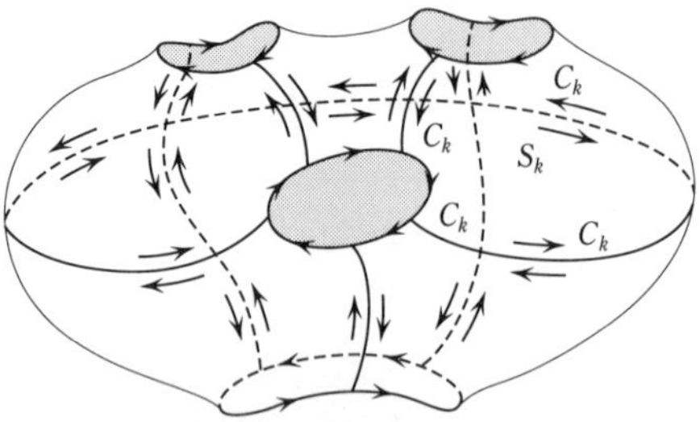

図 4:　曲面 S を，有限個の滑らかな部分曲面: $S_1, \cdots, S_m$ に分け，S_k（$k=1, \cdots, m$）に関して正の向きをもつ S_k の境界を C_k とする.

か 1 回しか交わらないと仮定してよい.

あらためて, S 自身, 滑らかな曲面であって, z-軸に平行な任意の直線 l と高だか 1 回しか交わらないと仮定する (**図 5**). そのとき, S は, x, y の関数としてあらわせる:

$$(4) \qquad S: \quad z = z(x, y); \quad \boldsymbol{r} = x\,\boldsymbol{i} + y\,\boldsymbol{j} + z(x, y)\,\boldsymbol{k}.$$

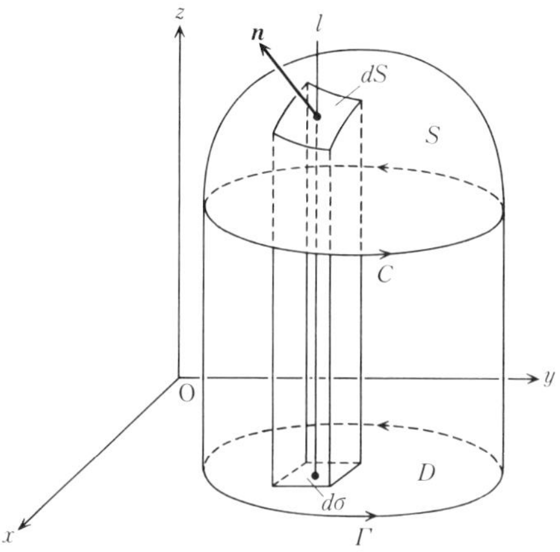

図 5: S は, 滑らかな曲面であって, z-軸に平行な任意の直線 l と, 高だか 1 回しか交わらないと仮定する.

ほかも同様であるから, (3) 式のうち, a_1 についての関係式:

$$(5) \qquad \iint_S \left(\frac{\partial a_1}{\partial z} n_2 - \frac{\partial a_1}{\partial y} n_3 \right) dS = \int_C a_1\, dx$$

を証明する.

$$(6) \qquad a_1 = a_1(x, y, z) = a_1(x, y, z(x, y)) = f(x, y)$$

とおく. $\dfrac{\partial \boldsymbol{r}}{\partial y}$ は S 上の接線ベクトルであることに注意すれば,

$$(7) \qquad \begin{aligned} 0 &= \boldsymbol{n} \cdot \frac{\partial \boldsymbol{r}}{\partial y} & \left(\because \ \boldsymbol{n} \perp \frac{\partial \boldsymbol{r}}{\partial y} \right) \\ &= \boldsymbol{n} \cdot \left(\boldsymbol{j} + \frac{\partial z}{\partial y} \boldsymbol{k} \right) & (\because \ (4)\text{式}) \\ &= n_2 + \frac{\partial z}{\partial y} n_3. \end{aligned}$$

これと合成関数の偏微分の公式によって,

$$(8)\qquad \frac{\partial a_1}{\partial z} n_2 - \frac{\partial a_1}{\partial y} n_3 = -\frac{\partial a_1}{\partial z}\frac{\partial z}{\partial y} n_3 - \frac{\partial a_1}{\partial y} n_3 \qquad (\because\ (7)\text{式})$$
$$= -\frac{\partial f}{\partial y} n_3.$$

ここで，もし $n_3 < 0$ ならば，S の表裏を反対に考えればよいから（そのとき，$-\boldsymbol{n}$ が $\boldsymbol{n}$ となり，C の向きは入れかわる），$n_3 > 0$ と仮定してよい.

S, C の xy-平面への射影を，それぞれ，D, Γ とし（**図 5**），

(9)　$\left\{\begin{array}{l} d\sigma = n_3\, dS \ \text{は，} S \text{ 上の微小面積 } dS \text{ の} \\ xy\text{-平面への射影の面積をあらわす（図 6），} \end{array}\right.$

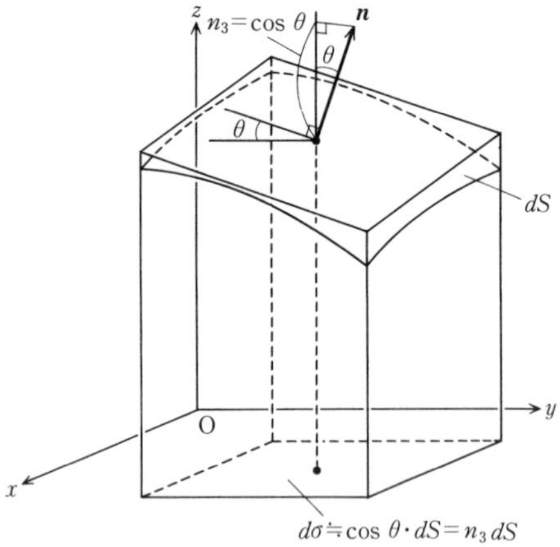

図 6:　$d\sigma = n_3\, dS$ が，近似的に，S 上の微小部分 dS の xy-平面への射影の面積をあらわす図.

ことに注意すれば，(5)，(6)，(8) の各式と (9) から，(5) 式は，つぎのようにあらわせる：

$$(10)\qquad -\iint_D \frac{\partial f(x, y)}{\partial y}\, dx\, dy = \int_\Gamma f(x, y)\, dx.$$

(10) 式を証明しよう.　D の x 軸への射影を開区間 (a, b) とする（つぎのページの **図 7**）.　必要ならば，先の S の分割で，さらに，小さ

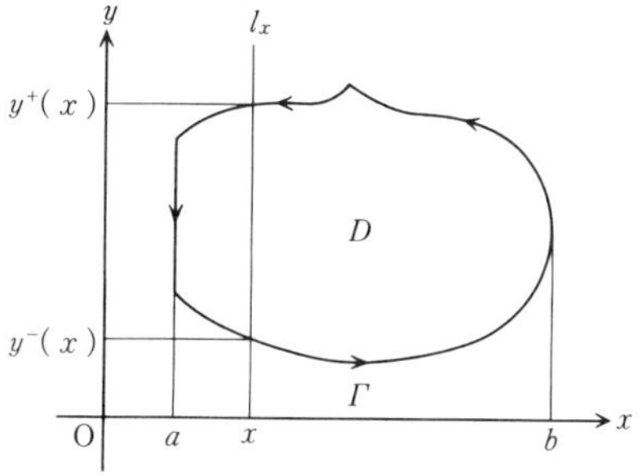

図 7: 領域 D の境界 Γ は，開区間 (a, b) の各点 x をとおる y-軸と平行な直線 l_x と，2 点で交わっていることをしめす図．　図では，区間の境界: $x = a$ では，Γ が l_a と線分を共有することもありうることをしめしている．

い部分曲面に分ければよいから，Γ は，区間 (a, b) の各点 x をとおる y-軸と平行な直線 l_x と，2 点で交わると仮定してよい（**図 7**）．　その 2 つの交点の y 座標を，$y^-(x)$, $y^+(x)$ $(y^-(x) < y^+(x))$ とする．　そのとき，2 重積分を累次積分に変換し，Γ の向きを考慮に入れることによって，

$$
\begin{aligned}
&-\iint_D \frac{\partial f(x, y)}{\partial y}\, dx\, dy \\
&= -\int_a^b dx \int_{y^-(x)}^{y^+(x)} \frac{\partial f(x, y)}{\partial y}\, dy \\
&= \int_a^b \{f(x, y^-(x)) - f(x, y^+(x))\}\, dx \\
&= \int_\Gamma f(x, y)\, dx.
\end{aligned}
$$

（証明終）

3. グリーンの公式　**定理 1** で，とくに，S が xy-平面上の領域 D である場合を考えて，つぎの **グリーンの公式** がえられる：

> **定理 2**　xy-平面上の，有限個の区分的に滑らかな単純閉曲線からなる境界 C によってかこまれた領域を D とする（つぎのページの **図 8**）．　$P = P(x, y)$, $Q = Q(x, y)$ は，$D \cup C$ 上で連続な偏導関数をもつ関数とする．　そのとき，

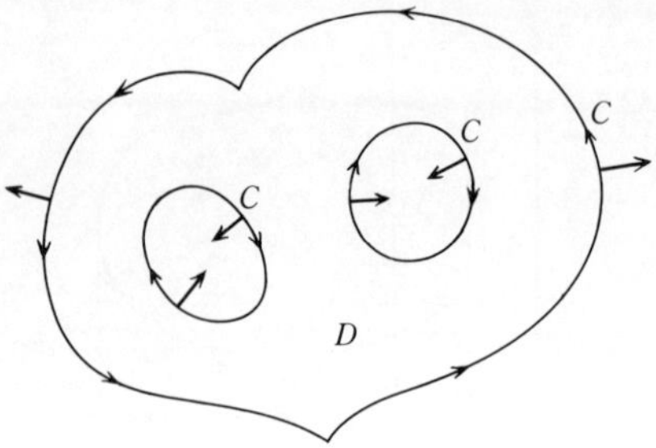

図 8: D は，有限個の区分的に滑らかな単純閉曲線からなる境界 C によってかこまれた xy-平面上の領域.

(11) $$\iint_D\left(\frac{\partial P}{\partial x}+\frac{\partial Q}{\partial y}\right)dx\,dy=\int_C(P\,dy-Q\,dx)$$

$$=\int_C\left(P\frac{\partial x}{\partial n}+Q\frac{\partial y}{\partial n}\right)ds\quad\left(\frac{\partial}{\partial n}\text{: 外法線方向微分}\right).$$

（**グリーンの公式**）

$\boldsymbol{a}=(P,\ Q)$ とおけば，(11) 式は，つぎの形にあらわすことができる:

(12) $$\iint_D \operatorname{div}\boldsymbol{a}\,dx\,dy=\int_C \boldsymbol{a}\cdot\boldsymbol{n}\,ds$$

（$\boldsymbol{n}$: 単位外法線ベクトル）.

証明　公式 (3) で $a_1=-Q,\ a_2=P,\ a_3=0$ とおき，$n_1=n_2=0,\ n_3=1$ であることに注意すれば，(11) 式の最初の等式がえら

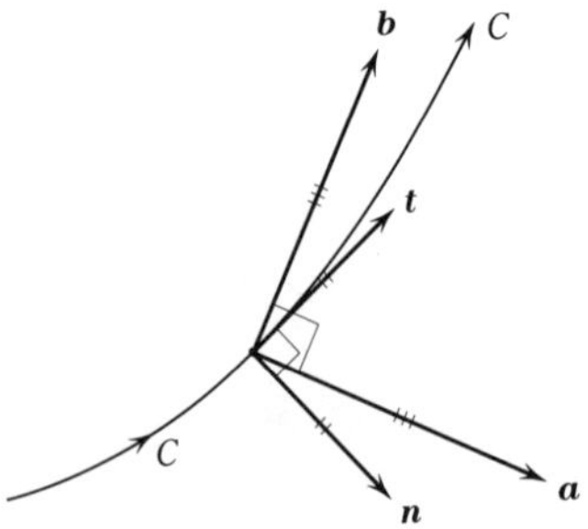

図 9: $|\boldsymbol{a}|=|\boldsymbol{b}|,\ \boldsymbol{a}\perp\boldsymbol{b}\ (\because\ \boldsymbol{a}\cdot\boldsymbol{b}=0),\ |\boldsymbol{n}|=|\boldsymbol{t}|=1,\ \boldsymbol{n}\perp\boldsymbol{t}$ であるから，図から，$\boldsymbol{b}\cdot\boldsymbol{t}=\boldsymbol{a}\cdot\boldsymbol{n}$ であることがわかる.

れる． つぎに，$\boldsymbol{b}=(-Q,\ P)$ とおけば，

$$P\,dy-Q\,dx=\boldsymbol{b}\cdot\boldsymbol{t}\,ds \qquad (\boldsymbol{t}:\text{単位接線ベクトル})$$

と書けるから，前ページの **図 9** を参照して，$\boldsymbol{b}\cdot\boldsymbol{t}=\boldsymbol{a}\cdot\boldsymbol{n}$ であることに注意すれば，(12) 式と (11) の第 2 の等式がえられる． （証明終）

問 1. ストークスの定理の公式 (1) を，ナブラ ∇ を用いてあらわせ．

問 2. 有限個の区分的に滑らかな単純閉曲線からなる境界 C によってかこまれた領域 D の面積 $A(D)$ は，つぎの式によって求めることができることを証明せよ：

$$A(D)=\frac{1}{2}\int_C(x\,dy-y\,dx).$$

問 3. S と C は，**定理 1** の条件をみたす曲面とその境界とする．

(1) f をスカラー場，$\boldsymbol{r}$ を位置ベクトルとするとき，ストークスの定理を利用して，つぎの関係式を証明せよ：

$$(*)\qquad \int_C f\,d\boldsymbol{r}=-\int_S(\operatorname{grad} f)\times d\boldsymbol{S};$$

(2) $\boldsymbol{r}$ は位置ベクトル，$r=|\boldsymbol{r}|$，$\boldsymbol{c}$ は定数ベクトル，S: $x^2+y^2+z^2=a^2$ $(x\geqq 0,\ y\geqq 0,\ z\geqq 0)$，$f=\boldsymbol{r}^2(\boldsymbol{c}\cdot\boldsymbol{r})$ であるとき，(*) 式が正しいことを直接計算によってたしかめよ．

問 4. つぎのベクトル場 $\boldsymbol{a}$ と

$$\text{曲面 } S:\quad \boldsymbol{r}=x(u,\ v)\,\boldsymbol{i}+y(u,\ v)\,\boldsymbol{j}+z(u,\ v)\,\boldsymbol{k} \qquad ((u,\ v)\in D)$$

に対して，線積分：$\displaystyle\int_C \boldsymbol{a}\cdot d\boldsymbol{r}$ の値を，ストークスの定理を利用して，面積分に変換することによって求めよ；ここで，正の z-軸方向が S の表側であって，C は S の境界をあらわす：

*(1) $\boldsymbol{a}=2yz\,\boldsymbol{i}+xy\,\boldsymbol{k}$;

S: $\boldsymbol{r}=u\cos v\cdot\boldsymbol{i}+u\sin v\cdot\boldsymbol{j}+u\,\boldsymbol{k}$, $D=\{0\leqq u\leqq 1,\ 0\leqq v\leqq 2\pi\}$.

(2) $\boldsymbol{a}=z\,\boldsymbol{i}+x\,\boldsymbol{j}+y\,\boldsymbol{k}$;

S: $\boldsymbol{r}=u\,\boldsymbol{i}+v\,\boldsymbol{j}+(1-u-v)\,\boldsymbol{k}$, $D=\{u\geqq 0,\ v\geqq 0,\ u+v\leqq 1\}$.

(3) $\boldsymbol{a}=\cos z\cdot\boldsymbol{i}-\cos x\cdot\boldsymbol{j}+\cos y\cdot\boldsymbol{k}$;

S: $\boldsymbol{r}=u\,\boldsymbol{i}+v\,\boldsymbol{j}+\boldsymbol{k}$, $D=\{0\leqq u\leqq\pi,\ 0\leqq v\leqq 1\}$.

(4) $\boldsymbol{a}=2yz\,\boldsymbol{i}+xy\,\boldsymbol{k}$;

S: $\boldsymbol{r} = u\cos v \cdot \boldsymbol{i} + u\sin v \cdot \boldsymbol{j} + u^2 \boldsymbol{k}$, $D = \{0 \leqq u \leqq 1,\ 0 \leqq v \leqq 2\pi\}$.

(5) $\boldsymbol{a} = yz\,\boldsymbol{i} + zx\,\boldsymbol{j} + xy\,\boldsymbol{k}$;

S: $\boldsymbol{r} = u\cos v \cdot \boldsymbol{i} + u\sin v \cdot \boldsymbol{j} + u^2 \boldsymbol{k}$, $D = \{0 \leqq u \leqq 1,\ 0 \leqq v \leqq 2\pi\}$.

§ 14. ガウスの定理

1. ガウスの発散定理

定理 1 有限個の区分的に滑らかな閉曲面からなる境界 S によってかこまれた空間領域を V とし，S 上の外向きの単位法線ベクトルを $\boldsymbol{n}$ とする（図 1）.

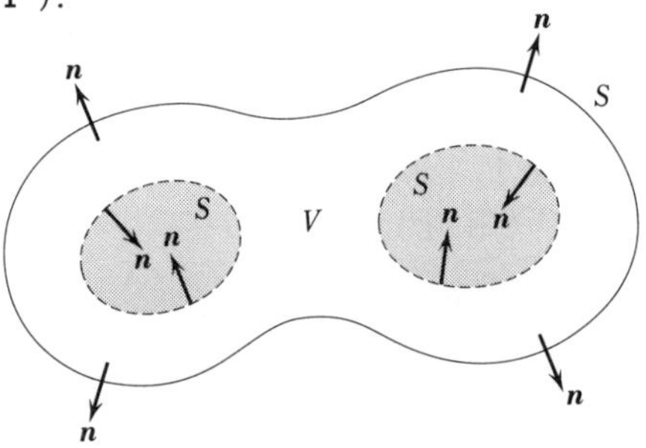

図 1: V は，有限個の区分的に滑らかな閉曲面からなる境界 S によってかこまれた空間領域，$\boldsymbol{n}$ は，S 上の単位外法線ベクトル.

$V \cup S$ 上で連続な偏導関数をもつベクトル場 $\boldsymbol{a}$ に対して，

(1) $$\iiint_V \operatorname{div} \boldsymbol{a}\, dV = \iint_S \boldsymbol{a} \cdot d\boldsymbol{S} \qquad (d\boldsymbol{S} = \boldsymbol{n}\, dS)$$

（ガウスの発散定理）

がなりたつ.

$\boldsymbol{a} = (a_1, a_2, a_3)$，$\boldsymbol{n} = (n_1, n_2, n_3)$ とおくとき，（1）式は，つぎの形にあらわすこともできる:

(2) $$\iiint_V \left(\frac{\partial a_1}{\partial x} + \frac{\partial a_2}{\partial y} + \frac{\partial a_3}{\partial z} \right) dx\,dy\,dz = \iint_S (a_1 n_1 + a_2 n_2 + a_3 n_3)\, dS.$$

（ガウスの発散定理）

証明　V を有限個の部分領域: V_1, V_2, …, V_m に分け，各 V_k ($k=1, \cdots, m$) の境界 S_k は，ただ 1 つの閉曲面からなるようにする (図 2).

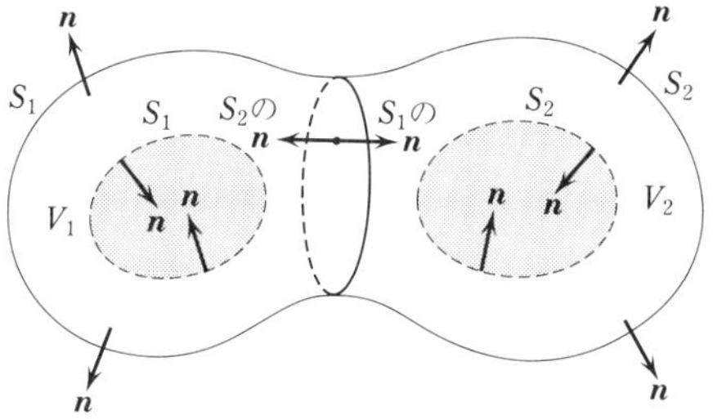

図　2:　領域 V を，2 つの部分領域: V_1, V_2 に分け，それぞれの境界を S_1, S_2 とすれば，V の内部にある S_1, S_2 の部分面では，外法線の向きが反対のものが，対(つい)になって存在する.

そのとき，

$$\left(\iiint_{V_1} + \cdots + \iiint_{V_m} \right) \operatorname{div} \boldsymbol{a}\, dV = \iiint_V \operatorname{div} \boldsymbol{a}\, dV,$$

$$\left(\iint_{S_1} + \cdots + \iint_{S_m} \right) \boldsymbol{a} \cdot d\boldsymbol{S} = \iint_S \boldsymbol{a} \cdot d\boldsymbol{S}.$$

がなりたつ.　なぜならば，最初の等式は明白であり，第 2 の等式については，V の内部にあるすべての S_k の部分曲面の全体は，曲面の向き (外法線方向) が反対のものが，対(つい)になって存在し (図 2)，$\boldsymbol{a} \cdot \boldsymbol{n}$ は，曲面の向きが反対になれば，絶対値は同じで符号が変わるから，その対(つい)の上での積分の値は，たがいに打消しあって 0 になる.　したがって，各部分領域 V_k について，公式 (1) を証明すれば十分である.　必要ならば，さらに，小さい部分領域に分ければよいから，各 V_k の内部は，各座標軸に平行な任意の直線 l と，高だか 1 つの開線分で交わると仮定してよい.　あらためて，V 自身，この条件をみたしていると仮定する (つぎのページの 図 3).

ほかも同様であるから，(2) 式のうち，a_3 についての関係式:

(3)
$$\iiint_V \frac{\partial a_3}{\partial z}\, dx\, dy\, dz = \iint_S a_3 n_3\, dS$$

を証明する.　V の xy-平面への射影を D とし，点 $(x, y) \in D$ をとおって，z-軸と平行な直線 l が S と交わる 2 点の z-座標を，

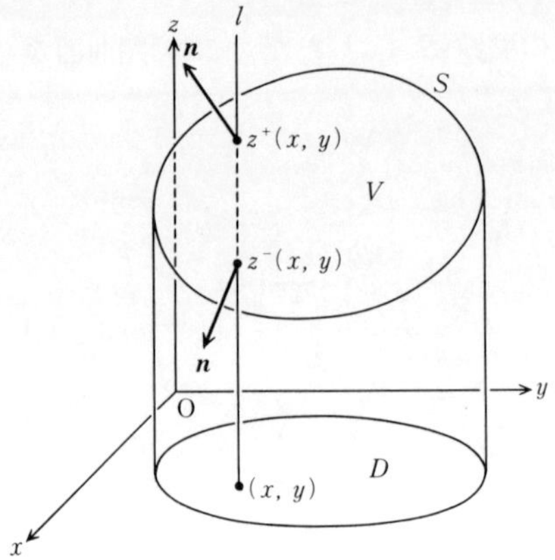

図 3: 領域 V は，z-軸に平行な任意の直線 l と，高だか 1 つの開線分で交わっていると仮定する．

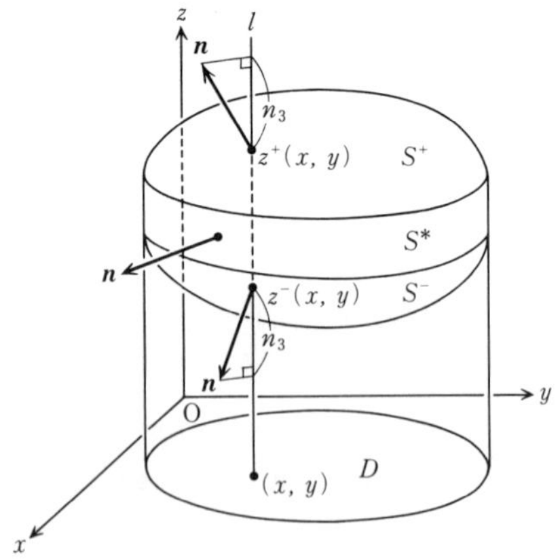

図 4: S の部分曲面 S^-, S^+ を，

$$S^-:\ z = z^-(x, y) \qquad ((x, y) \in D),$$
$$S^+:\ z = z^+(x, y) \qquad ((x, y) \in D)$$

によって定義する． S^- では $n_3 < 0$, S^+ では $n_3 > 0$.

$$z^-(x,y),\quad z^+(x,y)\qquad (z^-(x,y)<z^+(x,y))$$

とする（前ページの **図 3**）．　そのとき，（3）式の左辺の 3 重積分を累次積分に変換することによって，

$$\iiint_V \frac{\partial a_3}{\partial z}\,dx\,dy\,dz=\iint_D dx\,dy\int_{z^-(x,y)}^{z^+(x,y)}\frac{\partial a_3}{\partial z}\,dz$$

$$=\iint_D\{a_3(x,y,z^+(x,y))-a_3(x,y,z^-(x,y))\}\,dx\,dy.$$

一方，S の部分曲面 S^-, S^+ を，つぎの式によって定義する:

$$S^-:\quad z=z^-(x,y)\qquad ((x,y)\in D),$$

$$S^+:\quad z=z^+(x,y)\qquad ((x,y)\in D)\qquad (\text{図 4}).$$

そのとき，S^-, S^+ において，それぞれ，$n_3<0$, $n_3>0$ であることに注意すれば（前ページの **図 4**），$n_3\,dS$ の幾何学的意味（**§ 13** の（9）と **§ 13** の **図 6**（68 ページ））から，

$$\iint_D a_3(x,y,z^+(x,y))\,dx\,dy=\iint_{S^+}a_3 n_3\,dS,$$

$$-\iint_D a_3(x,y,z^-(x,y))\,dx\,dy=\iint_{S^-}a_3 n_3\,dS.$$

S は，S^+, S^- と，高だか xy-平面に垂直な曲面 S^*（**図 4**）からなり，S^* では，$n_3=0$ であることに注意すれば，（3）式がえられる．

（証明終）

2. ガウスの定理

定理 2　V と S は，それぞれ，**定理 1** の条件をみたす領域とその境界とし，f は，$V\cup S$ 上で連続な偏導関数をもつスカラー場とする．　そのとき，つぎの公式がなりたつ:

$$(4)\qquad \iiint_V(\mathrm{grad}\ f)\,dV=\iint_S f\,d\boldsymbol{S}\qquad (d\boldsymbol{S}=\boldsymbol{n}\,dS).$$

（**ガウスの定理**）

証明　（4）式の $\boldsymbol{i}$-成分は，

$$\iiint_V\frac{\partial f}{\partial x}\,dV=\iint_S f\,n_1\,dS.$$

この式は，（2）式で，$a_1=f$, $a_2=0$, $a_3=0$ とおいたものである．$\boldsymbol{j}$-成分，$\boldsymbol{k}$-成分 についても同様である．　（証明終）

（4）式において，$f\equiv 1$ とおいて，つぎの公式がえられる:

(5) $$\iint_S d\boldsymbol{S} = \boldsymbol{0}. \qquad (d\boldsymbol{S} = \boldsymbol{n}\, dS).$$

3. グリーンの公式

定理 3 f, g を，$V \cup S$ で，それぞれ，連続な 1 階偏導関数，連続な 2 階偏導関数をもつ関数とするとき，

(6) $$\iiint_V \left\{ \left(\frac{\partial f}{\partial x}\frac{\partial g}{\partial x} + \frac{\partial f}{\partial y}\frac{\partial g}{\partial y} + \frac{\partial f}{\partial z}\frac{\partial g}{\partial z} \right) + f \Delta g \right\} dV = \iint_S f \frac{\partial g}{\partial n}\, dS;$$

ここに，$\dfrac{\partial}{\partial n}$ は，外法線方向微分をあらわす． （**グリーンの公式**）

証明 （6）式を，ナブラ ∇ を用いてあらわせば，

(7) $$\iiint_V (\nabla f \cdot \nabla g + f \Delta g)\, dV = \iint_S f \frac{\partial g}{\partial n}\, dS.$$

$\boldsymbol{a} = f \nabla g$ とおくとき，

(8) $$\begin{aligned} \operatorname{div} \boldsymbol{a} = \nabla \cdot \boldsymbol{a} &= \nabla \cdot (f \nabla g) \\ &= \nabla f \cdot \nabla g + f \nabla \cdot \nabla g \\ &\qquad (\because \text{ 積の発散の公式（57 ページ）}) \\ &= \nabla f \cdot \nabla g + f \Delta g \\ &\qquad (\because \text{ § 12 の（21）式（61 ページ）}). \end{aligned}$$

さらに，§ 9 の（6）式（46 ページ）によって，

(9) $$\boldsymbol{a} \cdot \boldsymbol{n} = f(\nabla g) \cdot \boldsymbol{n} = f(\operatorname{grad} g) \cdot \boldsymbol{n} = f \frac{\partial g}{\partial n}.$$

したがって，**定理 1** によって，（8）式と（9）式から，（7）式がえられる． （証明終）

（6）式において，とくに，g が V で調和：$\Delta g = 0$ ならば，

(10) $$\iiint_V \left(\frac{\partial f}{\partial x}\frac{\partial g}{\partial x} + \frac{\partial f}{\partial y}\frac{\partial g}{\partial y} + \frac{\partial f}{\partial z}\frac{\partial g}{\partial z} \right) dx\, dy\, dz = \iint_S f \frac{\partial g}{\partial n}\, dS.$$

さらに，この式で，$f \equiv 1$ とおくことによって，g が V で調和ならば，

$$\iint_S \frac{\partial g}{\partial n}\, dS = 0. \tag{11}$$

> **定理 4**　f, g を，$V \cup S$ で連続な 2 階偏導関数をもつ関数とするとき，
>
> $$\iiint_V (f\Delta g - g\Delta f)\, dV = \iint_S \left(f\frac{\partial g}{\partial n} - g\frac{\partial f}{\partial n} \right) dS; \tag{12}$$
>
> ここに，$\dfrac{\partial}{\partial n}$ は，外法線方向微分をあらわす．　　（**グリーンの公式**）

証明　(6) 式において，f と g を入れかえた式をつくり，それを (6) 式から引けば，(12) 式がえられる．　（証明終）

問 1.　ガウスの発散定理の公式 (1) を，ナブラ ∇ を用いてあらわせ．

問 2.　つぎのベクトル場 $\boldsymbol{a}$ と空間領域 V に対して，面積分：$\iint_S \boldsymbol{a}\cdot d\boldsymbol{S}$ の値を，ガウスの発散定理を利用して，体積分に変換することによって求めよ；ここで，S は V の境界曲面をあらわす：

*(1)　$\boldsymbol{a} = x\,\boldsymbol{i} + y\,\boldsymbol{j} + z^2\boldsymbol{k}$,
$V = \{x^2 + y^2 \leqq a^2,\ 0 \leqq z \leqq 1\ (a > 0)\}$.

(2)　$\boldsymbol{a} = x^2\boldsymbol{i} + y^2\boldsymbol{j} + z^2\boldsymbol{k}$,
$V = \{0 \leqq x \leqq 1,\ 0 \leqq y \leqq 1,\ 0 \leqq z \leqq 1\}$.

(3)　$\boldsymbol{a} = xyz\,\boldsymbol{i}$,　$V = \{0 \leqq x \leqq 1,\ 0 \leqq y \leqq 1,\ 0 \leqq z \leqq 1\}$.

(4)　$\boldsymbol{a} = xz\,\boldsymbol{i} + yz\,\boldsymbol{j} + xy\,\boldsymbol{k}$,
$V = \{x^2 + y^2 \leqq a^2,\ 0 \leqq z \leqq c\ (a > 0,\ c > 0)\}$.

(5)　$\boldsymbol{a} = (x + z)\,\boldsymbol{i} + (y + z)\,\boldsymbol{j} + (x + y)\,\boldsymbol{k}$,
$V = \{x^2 + y^2 + z^2 \leqq 1\}$.

(6)　$\boldsymbol{a} = yz\,\boldsymbol{i} + zx\,\boldsymbol{j} + xy\,\boldsymbol{k}$,　$V = \{x^2 + y^2 + z^2 \leqq 1\}$.

問 3.　区分的に滑らかな閉曲面 S によってかこまれた領域 V の体積を $M(V)$ とし，$\boldsymbol{r}$ を位置ベクトルとするとき，ガウスの発散定理を用いて，つぎの等式がなりたつことを証明せよ：

$$M(V) = \frac{1}{3}\iint_S \boldsymbol{r}\cdot d\boldsymbol{S}.$$

問 4. （1） $\boldsymbol{a}$ をベクトル場とするとき，つぎの公式がなりたつことを，ガウスの発散定理を用いて証明せよ：

$$(*) \qquad \iiint_V (\mathrm{rot}\ \boldsymbol{a})\, dV = -\iint_S \boldsymbol{a} \times d\boldsymbol{S}.$$

（2） V の体積を $M(V)$ とし，$\boldsymbol{r}$ を位置ベクトル，$\boldsymbol{c}$ を定数ベクトルとするとき，つぎの公式がなりたつことを，公式（$*$）を用いて証明せよ：

$$M(V)\boldsymbol{c} = \frac{1}{2}\iint_S (\boldsymbol{r} \times \boldsymbol{c}) \times d\boldsymbol{S}.$$

問 5. （1） $\boldsymbol{a}$ をベクトル場，f をスカラー場とするとき，つぎの公式がなりたつことを，ガウスの発散定理を用いて証明せよ：

$$\iiint_V (\mathrm{grad}\ f) \cdot \mathrm{rot}\ \boldsymbol{a}\, dV = \iint_S (\boldsymbol{a} \times \mathrm{grad}\ f) \cdot d\boldsymbol{S}.$$

（2） （1）において，$\boldsymbol{a}$ が S 上の滑らかな各点で，S の法線方向ベクトルであるとき，つぎの公式がなりたつことを証明せよ：

$$\iiint_V (\mathrm{grad}\ f) \cdot \mathrm{rot}\ \boldsymbol{a}\, dV = 0.$$

問 6. $\boldsymbol{a}, \boldsymbol{b}$ をベクトル場，f をスカラー場，$\boldsymbol{r}$ を位置ベクトルとするとき，ガウスの発散定理を用いて，つぎの等式を証明せよ：

（1） $$\iiint_V (\boldsymbol{r} \cdot \mathrm{rot}\ \boldsymbol{a})\, dV = \iint_S (\boldsymbol{a} \times \boldsymbol{r}) \cdot d\boldsymbol{S}.$$

（2） $$\iiint_V (\boldsymbol{a} \cdot \mathrm{rot}\ \mathrm{rot}\ \boldsymbol{b} - \boldsymbol{b} \cdot \mathrm{rot}\ \mathrm{rot}\ \boldsymbol{a})\, dV = \iint_S (\boldsymbol{b} \times \mathrm{rot}\ \boldsymbol{a} - \boldsymbol{a} \times \mathrm{rot}\ \boldsymbol{b}) \cdot d\boldsymbol{S}.$$

（3） $$\iiint_V \{\boldsymbol{b}\ \mathrm{div}\ \boldsymbol{a} + (\boldsymbol{a} \cdot \mathrm{grad})\boldsymbol{b}\}\, dV = \iint_S \boldsymbol{b}(\boldsymbol{a} \cdot d\boldsymbol{S}).$$

問 7. $\mathrm{grad}\ f = \mathrm{rot}\ \boldsymbol{a}$ であるとき，ガウスの発散定理を用いて，つぎの等式を証明せよ：

$$\iiint_V |\mathrm{grad}\ f|^2\, dV = \iint_S (\boldsymbol{a} \times \mathrm{rot}\ \boldsymbol{a}) \cdot d\boldsymbol{S}.$$

6

曲線座標系

§ 15. 直交曲線座標系

1. 曲線座標の定義　O-xyz を空間の直交座標系とし，D を空間の領域とする． D 上で，連続な偏導関数をもつ関数:

（１）　$u = u(x, y, z),\quad v = v(x, y, z),\quad w = w(x, y, z)$
$((x, y, z) \in D)$

が定義されているとする．

さらに，写像（１）による，領域 D の直交座標系 O-uvw の像領域を G とし，

（２）　D は G に **1 対 1** に写像されている

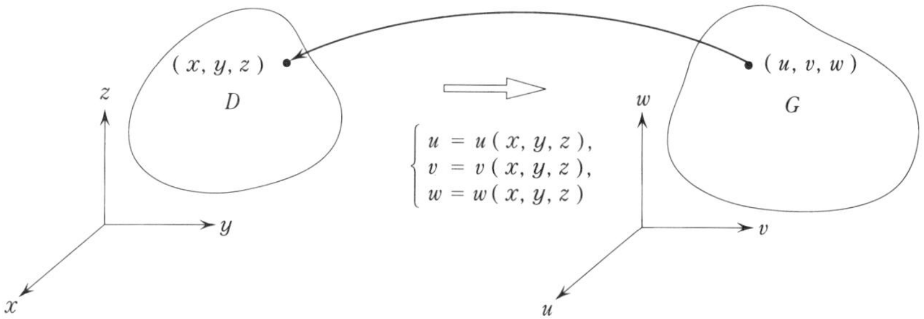

図 1:　写像（１）が，1 対 1 写像であるとは，1 点 $(u, v, w) \in G$ の原像 $(x, y, z) \in D$ が，ただ 1 点であること．

とする． ここで，1 対 1 に写像されるとは，任意の点 (x, y, z) の写像 (1) による像 (u, v, w) が，ただ 1 点であるのみならず，任意の点 $(u, v, w) \in G$ の (1) の写像による **原像** $(x, y, z) \in D$ が，前ページの **図 1** のように，ただ 1 点であることを意味している．

また，写像 (1) の **ヤコビアン** $\dfrac{\partial(u, v, w)}{\partial(x, y, z)}$ は，領域 D のすべての点で 0 にならないと仮定する; すなわち，

$$(3) \qquad \frac{\partial(u, v, w)}{\partial(x, y, z)} \equiv \begin{vmatrix} \dfrac{\partial u}{\partial x} & \dfrac{\partial u}{\partial y} & \dfrac{\partial u}{\partial z} \\ \dfrac{\partial v}{\partial x} & \dfrac{\partial v}{\partial y} & \dfrac{\partial v}{\partial z} \\ \dfrac{\partial w}{\partial x} & \dfrac{\partial w}{\partial y} & \dfrac{\partial w}{\partial z} \end{vmatrix} \neq 0$$

$$((x, y, z) \in D).$$

このように，(2) と (3) 式をみたす写像 (1) の関数の組:

$$(u, v, w)$$

を，領域 D 上で定義された **曲線座標系** という． (2) によって，1点: $P = P(x, y, z) \in D$ の **曲線座標** (u, v, w) は，一意的に定まり，逆に，曲線座標 $(u, v, w) \in G$ をあたえれば，1 点 $P = P(x, y, z) \in D$ が，一意的に定まる． この点 P を，**曲線座標 (u, v, w) をもつ点** ともいい，$P(u, v, w)$ によってもあらわす．

(曲線座標の定義)

2. 座標曲線 (2) によって，写像 (1) の **逆写像** が定義できる．その逆写像を，

$$(4) \quad x = x(u, v, w), \quad y = y(u, v, w), \quad z = z(u, v, w)$$

とする． そのとき，条件 (3) に注意すれば，陰関数定理によって，(4) の各関数は，連続な偏導関数をもち，

$$(5) \quad \frac{\partial(u, v, w)}{\partial(x, y, z)} \cdot \frac{\partial(x, y, z)}{\partial(u, v, w)} = \begin{vmatrix} 1 & 0 & 0 \\ 0 & 1 & 0 \\ 0 & 0 & 1 \end{vmatrix} = 1$$

がなりたつことがしめされる． したがって，

$$(6) \qquad \frac{\partial(x,\ y,\ z)}{\partial(u,\ v,\ w)} \neq 0 \qquad ((u,\ v,\ w) \in G)$$

がなりたつ.

$(u_0,\ v_0,\ w_0)$ を，領域 G の任意の **定点** とする．　そのとき，(4) において，$v = v_0$，$w = w_0$ とおいて定まる変数 u の 3 つの関数:

$$x = x(u,\ v_0,\ w_0), \quad y = y(u,\ v_0,\ w_0), \quad z = z(u,\ v_0,\ w_0)$$

は，領域 D 内の曲線を定める．　この曲線を，u-**曲線** という．　条件 (5) によって，u-曲線は，滑らかな曲線であることがしめされる．　同様に，変数 v の 3 つの関数:

$$x = x(u_0,\ v,\ w_0), \quad y = y(u_0,\ v,\ w_0), \quad z = z(u_0,\ v,\ w_0)$$

によって定まる D 内の曲線を，v-**曲線** といい，変数 w の3つの関数:

$$x = x(u_0,\ v_0,\ w), \quad y = y(u_0,\ v_0,\ w), \quad z = z(u_0,\ v_0,\ w)$$

によって定まる D 内の曲線を，w-**曲線** という．　u-曲線，v-曲線，w-曲線 を総称して，**座標曲線** という．　座標曲線は，定点 $(u_0,\ v_0,\ w_0)$ を定めるごとに，定まる (つぎの **図 2** を参照).

(座標曲線の定義)

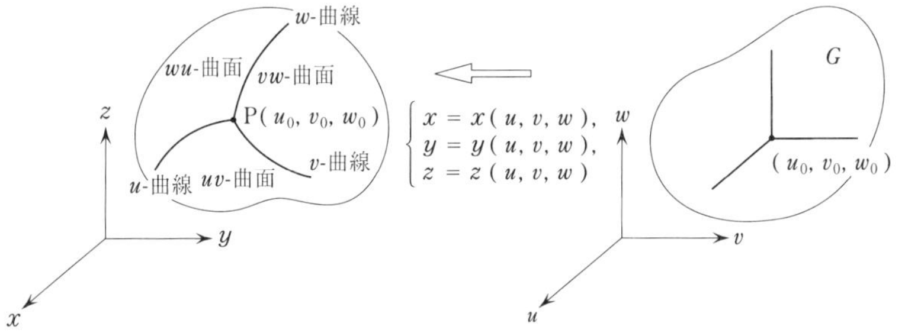

図 2: u-曲線，v-曲線，w-曲線; uv-曲面，vw-曲面，wu-曲面の意味.

3. 座標曲面

(u_0, v_0, w_0) を，領域 G の任意の定点とする． そのとき，(4) において，$w = w_0$ とおいて定まる 2 変数 (u, v) の 3 つの関数:

$$x = x(u, v, w_0), \quad y = y(u, v, w_0), \quad z = z(u, v, w_0)$$

は，領域 D 内の曲面を定める． この曲面を，uv-**曲面** という． 条件 (5) によって，uv-曲面は，滑らかな曲面であることがしめされる．
同様に，2 変数 (v, w) の 3 つの関数:

$$x = x(u_0, v, w), \quad y = y(u_0, v, w), \quad z = z(u_0, v, w)$$

によって定まる D 内の曲面を，vw-**曲面** といい，2 変数 (w, u) の 3 つの関数:

$$x = x(u, v_0, w), \quad y = y(u, v_0, w), \quad z = z(u, v_0, w)$$

によって定まる D 内の曲面を，wu-**曲面** という． uv-曲面，vw-曲面，wu-曲面 を総称して，**座標曲面** という． (**座標曲面の定義**)

座標曲面は，定点 (u_0, v_0, w_0) を定めるごとに，定まる (前ページの**図 2** を参照)． 2 つの座標曲面の交わりが，座標曲線になっている． たとえば，uv-曲面と vw-曲面の交わりは，v-曲線になっている．

(u, v, w) が曲線座標系であるならば，写像 (1) またはその逆写像 (4) において，それらのヤコビアン:

$$\frac{\partial(u, v, w)}{\partial(x, y, z)} \quad \text{または} \quad \frac{\partial(x, y, z)}{\partial(u, v, w)}$$

は，決して 0 にならない． さらに，(5) 式によって，これらは同符号である． また，これらのヤコビアンは，連続であるから，

$$\text{つねに，}\frac{\partial(u, v, w)}{\partial(x, y, z)} > 0 \quad \text{であるか，つねに，}\frac{\partial(u, v, w)}{\partial(x, y, z)} < 0$$

である． 今後は，

$$(7) \qquad \frac{\partial(u, v, w)}{\partial(x, y, z)} > 0 \qquad \text{したがって，} \qquad \frac{\partial(x, y, z)}{\partial(u, v, w)} > 0$$

のものだけ，考えることにする． (7) 式がなりたつとき，座標系: O-xyz と座標系: O-uvw は，**同じ向きをもつ** という． そのとき，座標系: O-xyz が右手系ならば，曲線座標系: O-uvw も右手系になる．

4. 円柱座標　直交座標系: O-xyz に対して，関係式:

$$
(8)\qquad \begin{cases} x = r\cos\theta, \\ y = r\sin\theta, \\ z = z \end{cases}
$$

によって定まる座標系: (r, θ, z) を，**円柱座標系** という．　円柱座標系は，xy-平面では，平面の極座標系と同じで，z-軸上では，もとの直交座標系と同じ形をしている（ 図 3 参照）．

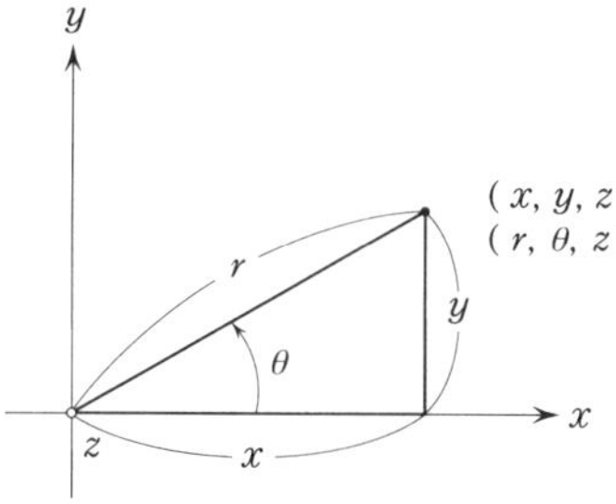

図　3:　円柱座標系は，変数 x, y に関しては，図のように，平面の極座標系 (r, θ) との関係と同じで，変数 z に関しては，もとの直交座標系と同じもの．

$$
(9)\qquad \begin{aligned} x^2 + y^2 &= r^2\cos^2\theta + r^2\sin^2\theta = r^2, \\ \frac{y}{x} &= \frac{r\sin\theta}{r\cos\theta} = \tan\theta \end{aligned}
$$

であるから，写像 (8) の逆写像は，

$$
(10)\qquad \begin{cases} r = \sqrt{x^2 + y^2}, \\ \theta = \tan^{-1}\dfrac{y}{x}, \\ z = z \end{cases}
$$

によってあたえられる．ここで，$\theta = \tan^{-1}\dfrac{y}{x}$ は，関係式 (9) によって定まるもので，微分積分学で学んだ，いわゆる，**主値** を意味するものではない！

写像 (8) ないしは逆写像 (10) が，1 対 1 写像であることを，たもつためには，定義域を制限する必要がある．　たとえば，定義域を，

$$
r > 0, \qquad 0 < \theta < 2\pi
$$

に制限すれば，1 対 1 写像であることは，たもたれる． しかし，この制限では不自由な場合（たとえば，$\theta = 0$ の近くで取りあつかいたい場合など），目的に応じて定義域を変更すればよい．

ちなみに，

$$\frac{\partial(x, y, z)}{\partial(r, \theta, z)} \equiv \begin{vmatrix} x_r & x_\theta & x_z \\ y_r & y_\theta & y_z \\ z_r & z_\theta & z_z \end{vmatrix} = \begin{vmatrix} \cos\theta & -r\sin\theta & 0 \\ \sin\theta & r\cos\theta & 0 \\ 0 & 0 & 1 \end{vmatrix}$$

$$= r\cos^2\theta - (-r\sin^2\theta) = r,$$

$$\therefore \qquad \frac{\partial(r, \theta, z)}{\partial(x, y, z)} = \frac{1}{r}.$$

（10）式の (r, θ, z) を，(x, y, z) の曲線座標とみなしたときの r-曲線，θ-曲線，z-曲線 を図示すれば，つぎの **図 4** のようになる． また，$r\theta$-曲面は，平面: $z = z_0$，θz-曲面は，円柱面: $r = r_0$，zr-面は，半平面: $\theta = \theta_0$ である．

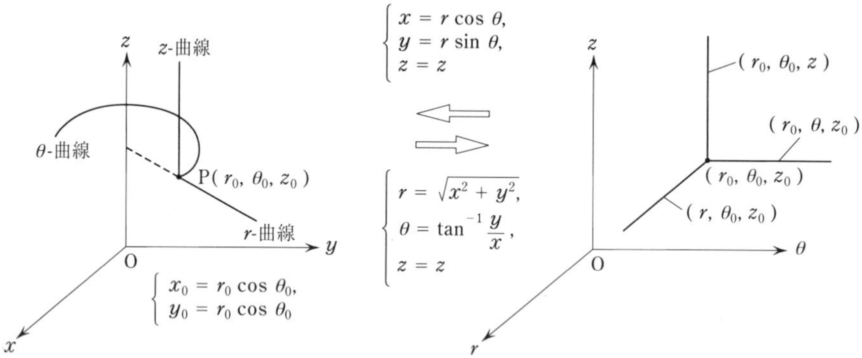

図 4: 円柱座標系 (r, θ, z) における，r-曲線，θ-曲線，z-曲線.

5. 極 座 標 空間の **極座標**: (r, θ, φ) と直交座標: (x, y, z) との関係は，つぎのページの **図 5** を参照すれば，

$$(11) \qquad \begin{cases} x = r\sin\theta\,\cos\varphi, \\ y = r\sin\theta\,\sin\varphi, \\ z = r\cos\theta. \end{cases}$$

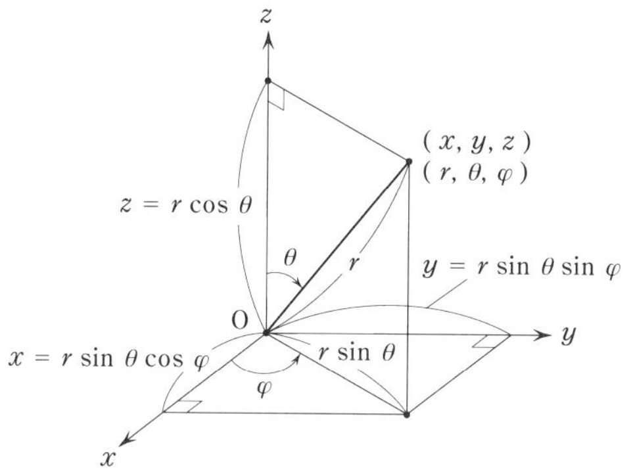

図　5:　空間の極座標 (r, θ, φ) の幾何学的な意味.

これらの式から,

$$x^2 + y^2 = r^2\sin^2\theta\ \cos^2\varphi + r^2\sin^2\theta\ \sin^2\varphi = r^2\sin^2\theta,$$

$$\therefore\quad x^2 + y^2 + z^2 = r^2\sin^2\theta + r^2\cos^2\theta = r^2,$$

$$\frac{y}{x} = \frac{r\sin\theta\ \sin\varphi}{r\sin\theta\ \cos\varphi} = \tan\ \varphi,$$

$$\frac{\sqrt{x^2+y^2}}{z} = \frac{r\sin\theta}{r\cos\theta} = \tan\theta$$

であるから，写像 (11) の逆写像は,

$$(12)\qquad \begin{cases} r = \sqrt{x^2+y^2+z^2}, \\ \theta = \tan^{-1}\dfrac{\sqrt{x^2+y^2}}{z}, \\ \varphi = \tan^{-1}\dfrac{y}{x}. \end{cases}$$

ここで，円柱座標の場合と同様に，2 つの $\tan^{-1}$ は，主値を意味するものではない！

写像 (11) ないしは逆写像 (12) が，1 対 1 写像であることをたもつためには，定義域を，たとえば,

$$r > 0,\quad 0 < \theta < \pi,\quad 0 < \varphi < 2\pi$$

に制限すればよい.

ちなみに,

$$\frac{\partial(x,\ y,\ z)}{\partial(r,\ \theta,\ \varphi)} \equiv \begin{vmatrix} x_r & x_\theta & x_\varphi \\ y_r & y_\theta & y_\varphi \\ z_r & z_\theta & z_\varphi \end{vmatrix}$$

$$= \begin{vmatrix} \sin\theta\cos\varphi & r\cos\theta\cos\varphi & -r\sin\theta\sin\varphi \\ \sin\theta\sin\varphi & r\cos\theta\sin\varphi & r\sin\theta\cos\varphi \\ \cos\theta & -r\sin\theta & 0 \end{vmatrix}$$

$$= r^2\sin\theta.$$

$$\therefore \qquad \frac{\partial(r,\ \theta,\ \varphi)}{\partial(x,\ y,\ z)} = \frac{1}{r^2\sin\theta}.$$

(12)式の $(r,\ \theta,\ \varphi)$ を，$(x,\ y,\ z)$ の曲線座標とみなしたときの，座標曲線は，つぎの **図 6** のようになる． また，$r\theta$-曲面は，半平面: $\varphi = \varphi_0$，$\theta\varphi$-曲面は，球面: $r = r_0$，φr-曲面は，円錐面: $\theta = \theta_0$ である．

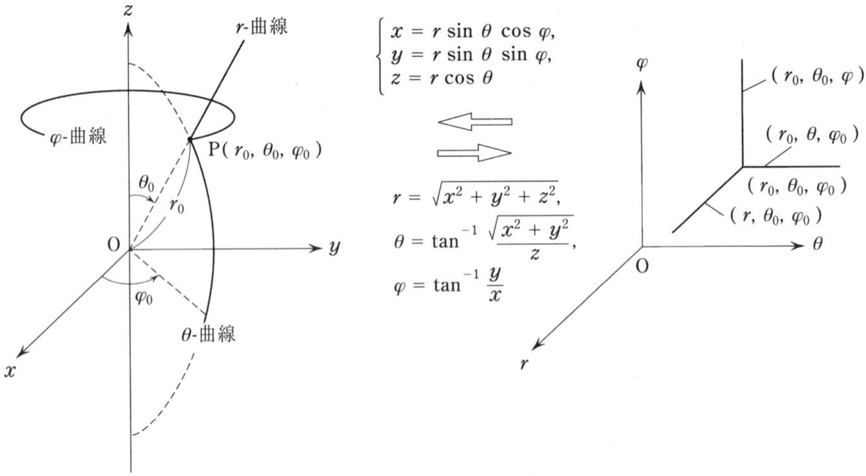

図 6: 極座標系 $(r,\ \theta,\ \varphi)$ における，r-曲線，θ-曲線，φ-曲線．

6.　直交曲線座標系　　4 項，5 項でしらべた，円柱座標系と極座標系，それぞれの 3 本の座標曲線は，たがいに，直交していることがわかる．　このように，一般に，

> 曲線座標系：(u, v, w) において，3 本の座標曲線が，つねに，たがいに，直交しているとき，曲線座標系：(u, v, w) を，**直交曲線座標系**という．
> **（直交曲線座標系の定義）**

7.　直交曲線座標系であるための条件　　2 項で定義した曲線座標系 (u, v, w) において，u-曲線は，u をパラメターとする位置ベクトル：

$$\boldsymbol{r}_1(u) \equiv (x(u, v_0, w_0),\ y(u, v_0, w_0),\ z(u, v_0, w_0))$$

とみなすことができる．　点 $\mathrm{P}(u_0, v_0, w_0)$ における，その接線ベクトルは，

$$(13)\qquad \dot{\boldsymbol{r}}_1(u_0) = \left(\frac{\partial x}{\partial u},\ \frac{\partial y}{\partial u},\ \frac{\partial z}{\partial u}\right)$$

によってあたえられる．　ここで，右辺の各偏導関数は，点 (u_0, v_0, w_0) における値をしめす．

同様にして，v-曲線をあらわす，v をパラメターとする位置ベクトル：

$$\boldsymbol{r}_2(v) \equiv (x(u_0, v, w_0),\ y(u_0, v, w_0),\ z(u_0, v, w_0))$$

の，点 $\mathrm{P}(u_0, v_0, w_0)$ における接線ベクトルは，

$$(14)\qquad \dot{\boldsymbol{r}}_2(v_0) = \left(\frac{\partial x}{\partial v},\ \frac{\partial y}{\partial v},\ \frac{\partial z}{\partial v}\right)$$

によってあたえられ，w-曲線をあらわす，w をパラメターとする位置ベクトル：

$$\boldsymbol{r}_3(w) \equiv (x(u_0, v_0, w),\ y(u_0, v_0, w),\ z(u_0, v_0, w))$$

の，点 $\mathrm{P}(u_0, v_0, w_0)$ における接線ベクトルは，

$$(15)\qquad \dot{\boldsymbol{r}}_3(w_0) = \left(\frac{\partial x}{\partial w},\ \frac{\partial y}{\partial w},\ \frac{\partial z}{\partial w}\right)$$

によってあたえられる．　u-曲線，v-曲線，w-曲線が，点 (u_0, v_0, w_0) で，たがいに，直交する条件は，

$$\dot{\boldsymbol{r}}_1 \cdot \dot{\boldsymbol{r}}_2 = 0, \qquad \dot{\boldsymbol{r}}_2 \cdot \dot{\boldsymbol{r}}_3 = 0, \qquad \dot{\boldsymbol{r}}_3 \cdot \dot{\boldsymbol{r}}_1 = 0$$

によってあらわされる．　これらの条件を，成分表示すれば，

$$
(16)\quad \begin{cases} \dfrac{\partial x}{\partial u}\dfrac{\partial x}{\partial v}+\dfrac{\partial y}{\partial u}\dfrac{\partial y}{\partial v}+\dfrac{\partial z}{\partial u}\dfrac{\partial z}{\partial v}=0, \\ \dfrac{\partial x}{\partial v}\dfrac{\partial x}{\partial w}+\dfrac{\partial y}{\partial v}\dfrac{\partial y}{\partial w}+\dfrac{\partial z}{\partial v}\dfrac{\partial z}{\partial w}=0, \\ \dfrac{\partial x}{\partial w}\dfrac{\partial x}{\partial u}+\dfrac{\partial y}{\partial w}\dfrac{\partial y}{\partial u}+\dfrac{\partial z}{\partial w}\dfrac{\partial z}{\partial u}=0. \end{cases}
$$

（直交曲線座標系であるための必要十分条件）

これらの関係式が，点 (u_0, v_0, w_0) でなりたつことが，3 座標曲線が，(u_0, v_0, w_0) に対応する点で直交するための必要十分条件である． (u_0, v_0, w_0) は，領域 G の任意に固定した点であったから，領域 G の任意の点 (u, v, w) で，関係式 (16) がなりたつことが，曲線座標系 (u, v, w) が，直交曲線座標系であるための必要十分条件である．

8. 座標曲面の法線ベクトルの直交条件　曲線座標系: (u, v, w) において，任意の定点 $(u_0, v_0, w_0)\in G$ の vw-曲面:

$$
(x(u_0, v, w),\ y(u_0, v, w),\ z(u_0, v, w)) \qquad ((u_0, v, w)\in G)
$$

の，点 (u_0, v_0, w_0) における法線ベクトル（等位面: $u=u_0$ の法線ベクトル）は，

$$
\operatorname{grad} u=\left(\frac{\partial u}{\partial x}, \frac{\partial u}{\partial y}, \frac{\partial u}{\partial z}\right)
$$

の点 $\mathrm{P}(u_0, v_0, w_0)\in D$ での値によってあたえられる．

同様に，点 (u_0, v_0, w_0) の wu-曲面，uv-曲面の，点 (u_0, v_0, w_0) における法線ベクトルは，それぞれ，

$$
\left(\frac{\partial v}{\partial x}, \frac{\partial v}{\partial y}, \frac{\partial v}{\partial z}\right), \qquad \left(\frac{\partial w}{\partial x}, \frac{\partial w}{\partial y}, \frac{\partial w}{\partial z}\right)
$$

の点 $\mathrm{P}(u_0, v_0, w_0)\in D$ での値によってあたえられる．

したがって，3 つの座標曲面の法線ベクトルが，たがいに，直交するための必要十分条件は，たがいの内積を計算することによって，

$$
(17)\quad
\begin{cases}
\dfrac{\partial u}{\partial x}\dfrac{\partial v}{\partial x}+\dfrac{\partial u}{\partial y}\dfrac{\partial v}{\partial y}+\dfrac{\partial u}{\partial z}\dfrac{\partial v}{\partial z}=0,\\[2ex]
\dfrac{\partial v}{\partial x}\dfrac{\partial w}{\partial x}+\dfrac{\partial v}{\partial y}\dfrac{\partial w}{\partial y}+\dfrac{\partial v}{\partial z}\dfrac{\partial w}{\partial z}=0,\\[2ex]
\dfrac{\partial w}{\partial x}\dfrac{\partial u}{\partial x}+\dfrac{\partial w}{\partial y}\dfrac{\partial u}{\partial y}+\dfrac{\partial w}{\partial z}\dfrac{\partial u}{\partial z}=0.
\end{cases}
$$

（座標曲面の法線ベクトルが直交するための必要十分条件）

9. （16）と（17）との同値性

定理 1 関係式（16）と関係式（17）は，同値な条件である．

（（16）と（17）との同値性）

証明

$$
(18)\qquad A=\begin{pmatrix} u_x & u_y & u_z \\ v_x & v_y & v_z \\ w_x & w_y & w_z \end{pmatrix},\qquad B=\begin{pmatrix} x_u & x_v & x_w \\ y_u & y_v & y_w \\ z_u & z_v & z_w \end{pmatrix}
$$

とおくとき，写像（1）と写像（4）が，たがいに，逆写像になっていることに注意すれば，（5）式によって，

$$
(19)\qquad AB=BA=E \qquad (E \text{ は 3 次の単位行列})
$$

がなりたつ; すなわち，$B = A^{-1}$，$A = B^{-1}$.

つぎに，A^T を A の転置行列とすれば，関係式（17）によって，

$$
(20)\quad AA^T
$$

$$
=\begin{pmatrix}
{u_x}^2+{u_y}^2+{u_z}^2 & u_x v_x+u_y v_y+u_z v_z & u_x w_x+u_y w_y+u_z w_z \\
v_x u_x+v_y u_y+v_z u_z & {v_x}^2+{v_y}^2+{v_z}^2 & v_x w_x+v_y w_y+v_z w_z \\
w_x u_x+w_y u_y+w_z u_z & w_x v_x+w_y v_y+w_z v_z & {w_x}^2+{w_y}^2+{w_z}^2
\end{pmatrix}
$$

$$
=\begin{pmatrix}
{u_x}^2+{u_y}^2+{u_z}^2 & 0 & 0 \\
0 & {v_x}^2+{v_y}^2+{v_z}^2 & 0 \\
0 & 0 & {w_x}^2+{w_y}^2+{w_z}^2
\end{pmatrix};
$$

すなわち，AA^T は，対角行列である． 逆に，AA^T が，対角行列ならば，関係式（17）がなりたつことがわかる．

同様に，関係式（16）によって，

(21) BB^T

$$= \begin{pmatrix} {x_u}^2 + {x_v}^2 + {x_w}^2 & 0 & 0 \\ 0 & {y_u}^2 + {y_v}^2 + {y_w}^2 & 0 \\ 0 & 0 & {z_u}^2 + {z_v}^2 + {z_w}^2 \end{pmatrix};$$

すなわち，BB^T は，対角行列である． 逆に，BB^T が，対角行列ならば，関係式 (16) がなりたつことがわかる．

したがって，定理を証明するかわりに，

$$AA^T \text{ は 対角行列} \quad \Longleftrightarrow \quad BB^T \text{ は 対角行列}$$

を証明すれば，十分である．

AA^T が対角行列ならば，(19) 式 によって，

(22) $$(AA^T)^{-1} = (A^T)^{-1}A^{-1} = (A^{-1})^TA^{-1} = B^TB$$

であって，対角行列の逆行列は，対角行列であることに注意すれば，B^TB も対角行列となり，BB^T も対角行列となる．

逆に，BB^T が対角行列ならば，B^TB も対角行列となり，さらに，(22) 式 によって，AA^T も対角行列となる． （証明終）

今後は，直交曲線座標系だけを取りあつかう． したがって，曲線座標系といえば，それは，直交曲線座標系をさす．

＊問 1. 直交曲線座標系：(u, v, w) において，区分的に滑らかな曲線：

C: $u = u(t)$, $v = v(t)$, $w = w(t)$ $(\alpha \leqq t \leqq \beta)$

の長さ L は，つぎの式によってあたえられることを証明せよ：

$$L = \int_\alpha^\beta \sqrt{{g_1}^2\dot{u}^2 + {g_2}^2\dot{v}^2 + {g_3}^2\dot{w}^2}\,dt;$$

ここに，

$$g_1 = \sqrt{{x_u}^2 + {y_u}^2 + {z_u}^2},$$
$$g_2 = \sqrt{{x_v}^2 + {y_v}^2 + {z_v}^2},$$
$$g_3 = \sqrt{{x_w}^2 + {y_w}^2 + {z_w}^2}.$$

問 2. 問 1 の結果を利用して，つぎの曲線の長さを求めよ（k, l, m は正の定数）：

（1） 円柱座標系：(r, θ, z) であたえられた曲線：

$$r = kt, \quad \theta = lt, \quad z = mt \quad (0 \leqq t \leqq 1).$$

（2） 極座標系:（r, θ, φ）であたえられた曲線:

$$r = kt, \quad \theta = lt, \quad \varphi = 0 \qquad (0 \leqq t \leqq 1).$$

（3） 極座標系:（r, θ, φ）であたえられた曲線:

$$r = kt, \quad \theta = \alpha, \quad \varphi = mt$$

$$(\alpha \text{ は定数で}, 0 < \alpha < \pi;\ 0 \leqq t \leqq 1).$$

＊問 3. 直交曲線座標系:（u, v, w）において，区分的に滑らかな境界によってかこまれた有界領域 D の体積 V は，つぎの式によってあたえられることを証明せよ:

$$V = \iiint_D g_1 g_2 g_3 \, du\, dv\, dw;$$

ここに，g_1，g_2，g_3 は，**問 1** の g_1，g_2，g_3 である．

問 4. 問 3 の結果を利用して，円柱座標系:（r, θ, z）であたえられた，つぎの立体の体積を求めよ:

（1） 円柱: $0 \leqq r \leqq a, \quad 0 \leqq \theta \leqq 2\pi, \quad 0 \leqq z \leqq h$

$$(a, h \text{ は正の定数}).$$

（2） 円環柱: $a \leqq r \leqq b, \quad 0 \leqq \theta \leqq 2\pi, \quad 0 \leqq z \leqq h$

$$(a, b, h \text{ は正の定数で}, a < b).$$

（3） $\dfrac{1}{2} \leqq r \leqq 1, \quad \dfrac{\pi}{4} \leqq \theta \leqq \dfrac{\pi}{2}, \quad 0 \leqq z \leqq 1.$

問 5. 問 3 の結果を利用して，極座標系:（r, θ, φ）であたえられた，つぎの立体の体積を求めよ:

（1） 球: $0 \leqq r \leqq a, \quad 0 \leqq \theta \leqq \pi, \quad 0 \leqq \varphi \leqq 2\pi$

$$(a \text{ は正の定数}).$$

（2） 球環: $a \leqq r \leqq b, \quad 0 \leqq \theta \leqq \pi, \quad 0 \leqq \varphi \leqq 2\pi$

$$(a, b \text{ は正の定数で}, a < b).$$

（3） 球錐: $0 \leqq r \leqq 1, \quad 0 \leqq \theta \leqq \dfrac{\pi}{3}, \quad 0 \leqq \varphi \leqq 2\pi.$

§ 16. 曲線座標系におけるベクトルの成分

1. **(u, v, w) 系での基本ベクトル**　直交曲線座標系: (u, v, w) において，点 P(u, v, w) をとおる座標曲線の単位接線ベクトルを，それぞれ，$\boldsymbol{e}$, $\boldsymbol{f}$, $\boldsymbol{g}$ であらわす．　$\boldsymbol{e}$, $\boldsymbol{f}$, $\boldsymbol{g}$ は，1次独立であるから，任意のベクトル $\boldsymbol{a}$ は，

$$\boldsymbol{a} = \tilde{a}_1\boldsymbol{e} + \tilde{a}_2\boldsymbol{f} + \tilde{a}_3\boldsymbol{g} \tag{1}$$

とあらわすことができる (図 1).

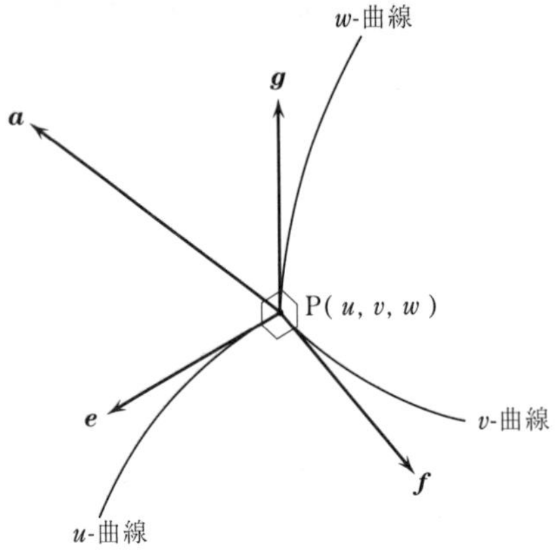

図　1:　直交曲線座標系 (u, v, w) において，点 P(u, v, w) をとおる座標曲線の単位接線ベクトルを $\boldsymbol{e}$, $\boldsymbol{f}$, $\boldsymbol{g}$ とする．

$\boldsymbol{e}$, $\boldsymbol{f}$, $\boldsymbol{g}$ を，(u, v, w) **系での点** P(u, v, w) **における基本ベクトル**といい，係数 $\tilde{a}_1$, $\tilde{a}_2$, $\tilde{a}_3$ を，(u, v, w) **系での 点** P(u, v, w) における，**ベクトル $\boldsymbol{a}$ の** それぞれ，u-**成分**，v-**成分**，w-**成分** という．

u-曲線，v-曲線，w-曲線の接線ベクトルは，§ 15 の (13) 式，(14) 式，(15) 式 (87 ページ) によって，それぞれ，

$$\dot{\boldsymbol{r}}_1(u) = (x_u, y_u, z_u),$$
$$\dot{\boldsymbol{r}}_2(v) = (x_v, y_v, z_v),$$
$$\dot{\boldsymbol{r}}_3(w) = (x_w, y_w, z_w)$$

によってあたえられる．　したがって，

(2)
$$\begin{cases} g_1 = \sqrt{x_u{}^2 + y_u{}^2 + z_u{}^2}, \\ g_2 = \sqrt{x_v{}^2 + y_v{}^2 + z_v{}^2}, \\ g_3 = \sqrt{x_w{}^2 + y_w{}^2 + z_w{}^2}. \end{cases}$$

とおけば，基本ベクトル: $\boldsymbol{e}$, $\boldsymbol{f}$, $\boldsymbol{g}$ は，つぎのようにあらわせる:

(3)
$$\begin{cases} \boldsymbol{e} = \dfrac{1}{g_1}(x_u, y_u, z_u) = \dfrac{1}{g_1}\left(\dfrac{\partial x}{\partial u}\boldsymbol{i} + \dfrac{\partial y}{\partial u}\boldsymbol{j} + \dfrac{\partial z}{\partial u}\boldsymbol{k}\right), \\ \boldsymbol{f} = \dfrac{1}{g_2}(x_v, y_v, z_v) = \dfrac{1}{g_2}\left(\dfrac{\partial x}{\partial v}\boldsymbol{i} + \dfrac{\partial y}{\partial v}\boldsymbol{j} + \dfrac{\partial z}{\partial v}\boldsymbol{k}\right), \\ \boldsymbol{g} = \dfrac{1}{g_3}(x_w, y_w, z_w) = \dfrac{1}{g_3}\left(\dfrac{\partial x}{\partial w}\boldsymbol{i} + \dfrac{\partial y}{\partial w}\boldsymbol{j} + \dfrac{\partial z}{\partial w}\boldsymbol{k}\right). \end{cases}$$

(**基本ベクトル e, f, g の成分表示**)

2. $\boldsymbol{e}$, $\boldsymbol{f}$, $\boldsymbol{g}$ と grad u, grad v, grad w の関係　直交曲線座標系 (u, v, w) において，点 P をとおる vw-曲面上に，点 P をとおる v-曲線と，点 P をとおる w-曲線がのっているから，点 P をとおる u-曲線は，点 P をとおる vw-曲面に垂直である．したがって，点 P における基本ベクトル: $\boldsymbol{e}$, $\boldsymbol{f}$, $\boldsymbol{g}$ のうち，$\boldsymbol{e}$ は，点 P をとおる vw-曲面に垂直である．

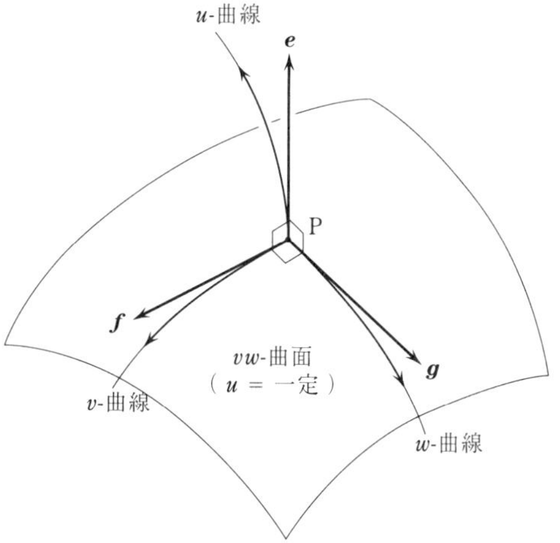

図 2:　$\boldsymbol{e}$ が vw-曲面 (u = 一定 の曲面) に垂直であることをしめす図.

このことと，vw-曲面は，$u=$一定　の曲面であることに注意すれば，§ 9 の **定理 1**（44 ページ）によって，点 P において，つぎの等式がなりたつような，スカラー ρ が存在する:

(4)
$$\mathrm{grad}\ u = \rho \boldsymbol{e};$$

ここで，u が増加する向きと $\boldsymbol{e}$ の方向は一致するから，$\rho > 0$　である（前ページの **図 2**）．　$|\boldsymbol{e}| = 1$　であるから，

(5)
$$|\mathrm{grad}\ u| = |\rho \boldsymbol{e}| = \rho |\boldsymbol{e}| = \rho.$$

また，grad u の定義（44 ページ）によって，u-曲線の点 P からの弧長を s とすれば（**図 2**），

(6)
$$\frac{du}{ds} = |\mathrm{grad}\ u|.$$

一方において，

(7)
$$\frac{ds}{du} = \lim_{\Delta u \to 0} \frac{\Delta s}{\Delta u} = \lim_{\Delta u \to 0} \sqrt{\left(\frac{\Delta x}{\Delta u}\right)^2 + \left(\frac{\Delta y}{\Delta u}\right)^2 + \left(\frac{\Delta z}{\Delta u}\right)^2}$$
$$= \sqrt{\left(\frac{\partial x}{\partial u}\right)^2 + \left(\frac{\partial y}{\partial u}\right)^2 + \left(\frac{\partial z}{\partial u}\right)^2} = g_1.$$

(5)，(6)，(7) の 3 式によって，

(8)
$$\rho = \frac{1}{g_1}.$$

(4) 式と (8) 式によって，

$$\mathrm{grad}\ u = \frac{1}{g_1} \boldsymbol{e}.$$

同様にして，えられる関係式とあわせて，つぎの 3 つの関係式がえられる:

(9)
$$\begin{cases} \mathrm{grad}\ u = \dfrac{1}{g_1} \boldsymbol{e}, \\ \mathrm{grad}\ v = \dfrac{1}{g_2} \boldsymbol{f}, \\ \mathrm{grad}\ w = \dfrac{1}{g_3} \boldsymbol{g}. \end{cases}$$

（u，v，w の勾配の基本ベクトル $\boldsymbol{e}$，$\boldsymbol{f}$，$\boldsymbol{g}$ による表示）

3.　曲線座標系でのベクトルの成分　　直交座標系: O-xyz での，ベクトル $\boldsymbol{a}$ の成分表示を，

(10) $$\boldsymbol{a} = a_1\boldsymbol{i} + a_2\boldsymbol{j} + a_3\boldsymbol{k}$$

とすれば，(1) 式とくらべて，

(11) $$\boldsymbol{a} = \tilde{a}_1\boldsymbol{e} + \tilde{a}_2\boldsymbol{f} + \tilde{a}_3\boldsymbol{g} = a_1\boldsymbol{i} + a_2\boldsymbol{j} + a_3\boldsymbol{k}.$$

係数: $\tilde{a}_1$, $\tilde{a}_2$, $\tilde{a}_3$ と係数: a_1, a_2, a_3 の関係をしらべよう！

(11) 式と (3) 式によって，

$$a_1 = \boldsymbol{a}\cdot\boldsymbol{i} = \tilde{a}_1\boldsymbol{e}\cdot\boldsymbol{i} + \tilde{a}_2\boldsymbol{f}\cdot\boldsymbol{i} + \tilde{a}_3\boldsymbol{g}\cdot\boldsymbol{i}$$
$$= \frac{x_u}{g_1}\tilde{a}_1 + \frac{x_v}{g_2}\tilde{a}_2 + \frac{x_w}{g_3}\tilde{a}_3.$$
$$\therefore \qquad a_1 = \frac{x_u}{g_1}\tilde{a}_1 + \frac{x_v}{g_2}\tilde{a}_2 + \frac{x_w}{g_3}\tilde{a}_3.$$

$a_2 = \boldsymbol{a}\cdot\boldsymbol{j}$, $a_3 = \boldsymbol{a}\cdot\boldsymbol{k}$ を計算してえられる式とあわせて，つぎの結果がえられる:

(12) $$\begin{cases} a_1 = \dfrac{x_u}{g_1}\tilde{a}_1 + \dfrac{x_v}{g_2}\tilde{a}_2 + \dfrac{x_w}{g_3}\tilde{a}_3, \\[2mm] a_2 = \dfrac{y_u}{g_1}\tilde{a}_1 + \dfrac{y_v}{g_2}\tilde{a}_2 + \dfrac{y_w}{g_3}\tilde{a}_3, \\[2mm] a_3 = \dfrac{z_u}{g_1}\tilde{a}_1 + \dfrac{z_v}{g_2}\tilde{a}_2 + \dfrac{z_w}{g_3}\tilde{a}_3. \end{cases}$$

(ベクトルの (x, y, z) 成分を (u, v, w) 成分であらわす関係式)

(13) $$\boldsymbol{a} = \begin{pmatrix} a_1 \\ a_2 \\ a_3 \end{pmatrix}, \quad \tilde{\boldsymbol{a}} = \begin{pmatrix} \tilde{a}_1 \\ \tilde{a}_2 \\ \tilde{a}_3 \end{pmatrix}, \quad R = \begin{pmatrix} \dfrac{x_u}{g_1} & \dfrac{x_v}{g_2} & \dfrac{x_w}{g_3} \\[2mm] \dfrac{y_u}{g_1} & \dfrac{y_v}{g_2} & \dfrac{y_w}{g_3} \\[2mm] \dfrac{z_u}{g_1} & \dfrac{z_v}{g_2} & \dfrac{z_w}{g_3} \end{pmatrix}$$

とおけば，(12) 式は，つぎのようにあらわせる:

(14) $$\boldsymbol{a} = R\,\tilde{\boldsymbol{a}}.$$

§ 15 の (16) 式 (88 ページ) と (2) 式と (13) 式によって，

$$R^T R = E \qquad (E \text{ は単位行列 }).$$

ゆえに，(14) 式の両辺に，R^T をかけることによって，

$$R^T\boldsymbol{a} = R^T R\,\tilde{\boldsymbol{a}} = E\,\tilde{\boldsymbol{a}} = \tilde{\boldsymbol{a}}.$$

この関係式を，成分に分けて書いて，つぎの関係式がえられる:

$$
(15)\quad \begin{cases} \tilde{a}_1 = \dfrac{1}{g_1}(x_u a_1 + y_u a_2 + z_u a_3), \\ \tilde{a}_2 = \dfrac{1}{g_2}(x_v a_1 + y_v a_2 + z_v a_3), \\ \tilde{a}_3 = \dfrac{1}{g_3}(x_w a_1 + y_w a_2 + z_w a_3). \end{cases}
$$

（ **ベクトルの** (u, v, w) **成分を** (x, y, z) **成分であらわす関係式** ）

4. 応用例　曲線座標系として，空間の極座標系 (r, θ, φ) をえらんだ場合を考えよう！

$$
\begin{cases} x = r\sin\theta\ \cos\varphi, \\ y = r\sin\theta\ \sin\varphi, \\ z = r\cos\theta \end{cases}
$$

$$
\begin{aligned}
&x_r = \sin\theta\ \cos\varphi, \quad && x_\theta = r\cos\theta\ \cos\varphi, \quad && x_\varphi = -r\sin\theta\ \sin\varphi, \\
&y_r = \sin\theta\ \sin\varphi, && y_\theta = r\cos\theta\ \sin\varphi, && y_\varphi = r\sin\theta\ \cos\varphi, \\
&z_r = \cos\theta, && z_\theta = -r\sin\theta, && z_\varphi = 0.
\end{aligned}
$$

$$
(16)\quad \begin{cases} g_1 = \sqrt{x_r{}^2 + y_r{}^2 + z_r{}^2} \\ \quad = \sqrt{\sin^2\theta\ \cos^2\varphi + \sin^2\theta\ \sin^2\varphi + \cos^2\theta} \\ \quad = 1, \\ g_2 = \sqrt{x_\theta{}^2 + y_\theta{}^2 + z_\theta{}^2} \\ \quad = \sqrt{r^2\cos^2\theta\ \cos^2\varphi + r^2\cos^2\theta\ \sin^2\varphi + r^2\sin^2\theta} \\ \quad = r, \\ g_3 = \sqrt{x_\varphi{}^2 + y_\varphi{}^2 + z_\varphi{}^2} \\ \quad = \sqrt{r^2\sin^2\theta\ \sin^2\varphi + r^2\sin^2\theta\ \cos^2\varphi + 0^2} \\ \quad = r\sin\theta. \end{cases}
$$

(r, θ, φ) 系での基本ベクトル: $\boldsymbol{e}$, $\boldsymbol{f}$, $\boldsymbol{g}$ は，（ 3 ）式 によって，

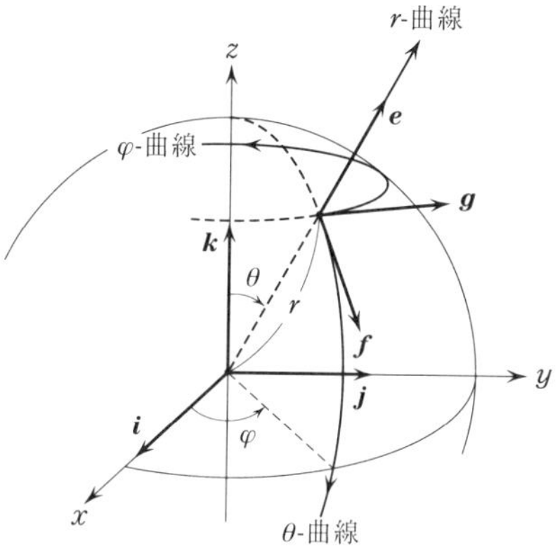

図 3: 極座標系の基本ベクトル: $\boldsymbol{e}$, $\boldsymbol{f}$, $\boldsymbol{g}$ と $\boldsymbol{i}$, $\boldsymbol{j}$, $\boldsymbol{k}$ の関係.

$$
(17)\quad \begin{cases}
\boldsymbol{e} = \dfrac{1}{g_1}(x_r\boldsymbol{i} + y_r\boldsymbol{j} + z_r\boldsymbol{k}) \\
\quad = \boldsymbol{i}\sin\theta\cos\varphi + \boldsymbol{j}\sin\theta\sin\varphi + \boldsymbol{k}\cos\theta, \\
\boldsymbol{f} = \dfrac{1}{g_2}(x_\theta\boldsymbol{i} + y_\theta\boldsymbol{j} + z_\theta\boldsymbol{k}) \\
\quad = \boldsymbol{i}\cos\theta\cos\varphi + \boldsymbol{j}\cos\theta\sin\varphi - \boldsymbol{k}\sin\theta, \\
\boldsymbol{g} = \dfrac{1}{g_3}(x_\varphi\boldsymbol{i} + y_\varphi\boldsymbol{j} + z_\varphi\boldsymbol{k}) \\
\quad = -\boldsymbol{i}\sin\varphi + \boldsymbol{j}\cos\varphi \qquad (\text{図 3 参照}).
\end{cases}
$$

$\boldsymbol{a}$ を任意のベクトルとし,

$$
\boldsymbol{a} = \tilde{a}_1\boldsymbol{e} + \tilde{a}_2\boldsymbol{f} + \tilde{a}_3\boldsymbol{g} = a_1\boldsymbol{i} + a_2\boldsymbol{j} + a_3\boldsymbol{k}
$$

とおけば, (12)式によって,

$$
(18)\quad \begin{cases}
a_1 = \dfrac{x_r}{g_1}\tilde{a}_1 + \dfrac{x_\theta}{g_2}\tilde{a}_2 + \dfrac{x_\varphi}{g_3}\tilde{a}_3 \\
\quad = \tilde{a}_1\sin\theta\cos\varphi + \tilde{a}_2\cos\theta\cos\varphi - \tilde{a}_3\sin\varphi, \\
a_2 = \dfrac{y_r}{g_1}\tilde{a}_1 + \dfrac{y_\theta}{g_2}\tilde{a}_2 + \dfrac{y_\varphi}{g_3}\tilde{a}_3 \\
\quad = \tilde{a}_1\sin\theta\sin\varphi + \tilde{a}_2\cos\theta\sin\varphi + \tilde{a}_3\cos\varphi, \\
a_3 = \dfrac{z_r}{g_1}\tilde{a}_1 + \dfrac{z_\theta}{g_2}\tilde{a}_2 + \dfrac{z_\varphi}{g_3}\tilde{a}_3 \\
\quad = \tilde{a}_1\cos\theta - \tilde{a}_2\sin\theta
\end{cases}
$$

(15)式によって,

$$(19)\quad \begin{cases} \tilde{a}_1 = \dfrac{1}{g_1}(x_r a_1 + y_r a_2 + z_r a_3) \\ \quad = a_1 \sin\theta\cos\varphi + a_2 \sin\theta\sin\varphi + a_3\cos\theta, \\ \tilde{a}_2 = \dfrac{1}{g_2}(x_\theta a_1 + y_\theta a_2 + z_\theta a_3) \\ \quad = a_1\cos\theta\cos\varphi + a_2\cos\theta\sin\varphi - a_3\sin\theta, \\ \tilde{a}_3 = \dfrac{1}{g_3}(x_\varphi a_1 + y_\varphi a_2 + z_\varphi a_3) \\ \quad = -a_1\sin\varphi + a_2\cos\varphi. \end{cases}$$

問 1. O-xyz 系での成分表示が(2, 3, 1)であるベクトル $\boldsymbol{a}$ の, 極座標系:(r, θ, φ)での, つぎの点における成分表示を, (19)式を利用して求めよ:

(1) $r = 1,\quad \theta = \dfrac{\pi}{4},\quad \varphi = \dfrac{\pi}{4}.$

(2) $r = 2,\quad \theta = \dfrac{\pi}{3},\quad \varphi = \dfrac{\pi}{6}.$

***問 2.** 曲線座標系として, 円柱座標系(r, θ, z)をえらんだ場合について, 基本ベクトル: $\boldsymbol{e}$, $\boldsymbol{f}$, $\boldsymbol{g}$ の成分表示(3), ベクトルの(x, y, z)成分を(u, v, w)成分であらわす関係式(12), ベクトルの(u, v, w)成分を(x, y, z)成分であらわす関係式(15)を求めよ.

問 3. O-xyz 系での成分表示が(2, 3, 1)であるベクトル $\boldsymbol{a}$ の, 円柱座標系:(r, θ, z)での, つぎの点における成分表示を, **問 2** の結果を利用して求めよ:

(1) $r = 1,\quad \theta = \dfrac{\pi}{4},\quad z = 0.$

(2) $r = 2,\quad \theta = \dfrac{\pi}{3},\quad z = 2.$

問 4. 直交曲線座標系:(u, v, w)における曲線:

$C:\quad u = u(t),\quad v = v(t),\quad w = w(t)\quad (\alpha \leqq t \leqq \beta)$

の $t = t_0\ (\alpha < t_0 < \beta)$ での接線ベクトルの(u, v, w)系での成分表示は, つぎの式であたえられることを証明せよ:

$$(g_1\dot{u}(t_0),\ g_2\dot{v}(t_0),\ g_3\dot{w}(t_0));$$

ここに, g_1, g_2, g_3 は, (2)式によってあたえられる.

問 5. 直交曲線座標系: (u, v, w) における 2 つの曲線:

C_1: $u = u_1(t)$, $v = v_1(t)$, $w = w_1(t)$ $(\alpha \leqq t \leqq \beta)$,

C_2: $u = u_2(t)$, $v = v_2(t)$, $w = w_2(t)$ $(\alpha \leqq t \leqq \beta)$

が, $t = t_0\ (\alpha < t_0 < \beta)$ で交わるとき, C_1 と C_2 が, $t = t_0$ で直交するための条件は, つぎの式によってあたえられることを証明せよ:

$g_1{}^2\,\dot{u}_1(t_0)\,\dot{u}_2(t_0) + g_2{}^2\,\dot{v}_1(t_0)\,\dot{v}_2(t_0) + g_3{}^2\,\dot{w}_1(t_0)\,\dot{w}_2(t_0) = 0$;

ここに, g_1, g_2, g_3 は, (2) 式によってあたえられる.

問 6. 直交座標系 O-xyz における円柱座標を (ρ, ψ, z), 極座標を (r, θ, φ) とする. 点 P におけるベクトル $\boldsymbol{a}$ の (ρ, ψ, z) 系での成分表示を $(\tilde{a}_1, \tilde{a}_2, \tilde{a}_3)$ とし, 点 P におけるベクトル $\boldsymbol{a}$ の (r, θ, φ) 系での成分表示を $(\tilde{\tilde{a}}_1, \tilde{\tilde{a}}_2, \tilde{\tilde{a}}_3)$ とするとき, $(\tilde{a}_1, \tilde{a}_2, \tilde{a}_3)$ と $(\tilde{\tilde{a}}_1, \tilde{\tilde{a}}_2, \tilde{\tilde{a}}_3)$ の関係を求めよ.

問 7. 直交座標系: O-xyz における空間の点 P の運動 $\boldsymbol{r}(t)$ の速度ベクトル, 加速度ベクトルを, それぞれ, $\boldsymbol{v}(t)$, $\boldsymbol{a}(t)$ とする.

(1) 円柱座標系: (r, θ, z) における $\boldsymbol{v} = \boldsymbol{v}(t)$ の成分表示を,

$$\boldsymbol{v} = v_r\boldsymbol{e} + v_\theta\boldsymbol{f} + v_z\boldsymbol{g}$$

とするとき, v_r, v_θ, v_z を, **問** 2 で求めた $\boldsymbol{e}$, $\boldsymbol{f}$, $\boldsymbol{g}$ の成分表示を利用して求めよ.

(2) 円柱座標系: (r, θ, z) における $\boldsymbol{a} = \boldsymbol{a}(t)$ の成分表示を,

$$\boldsymbol{a} = a_r\boldsymbol{e} + a_\theta\boldsymbol{f} + a_z\boldsymbol{g}$$

とするとき, a_r, a_θ, a_z を, 同様にして求めよ.

問 8. 直交座標系: O-xyz における空間の点 P の運動 $\boldsymbol{r}(t)$ の速度ベクトル, 加速度ベクトルを, それぞれ, $\boldsymbol{v}(t)$, $\boldsymbol{a}(t)$ とする.

(1) 極座標系: (r, θ, φ) における $\boldsymbol{v} = \boldsymbol{v}(t)$ の成分表示を,

$$\boldsymbol{v} = v_r\boldsymbol{e} + v_\theta\boldsymbol{f} + v_\varphi\boldsymbol{g}$$

とするとき, v_r, v_θ, v_φ を, (17) 式を利用して求めよ.

(2) 極座標系: (r, θ, φ) における $\boldsymbol{a} = \boldsymbol{a}(t)$ の成分表示を,

$$\boldsymbol{a} = a_r\boldsymbol{e} + a_\theta\boldsymbol{f} + a_\varphi\boldsymbol{g}$$

とするとき, a_r, a_θ, a_φ を, 同様にして求めよ.

§ 17. 曲線座標系における勾配・回転・発散

1. grad f **の** (u, v, w) **系の基本ベクトルによる表示**

スカラー場 f があたえられているとする. 直交曲線座標系 (u, v, w) の点 P(u, v, w) における基本ベクトルを $\boldsymbol{e}$, $\boldsymbol{f}$, $\boldsymbol{g}$ とし,

$$(1) \qquad \mathrm{grad}\ f = \tilde{a}_1 \boldsymbol{e} + \tilde{a}_2 \boldsymbol{f} + \tilde{a}_3 \boldsymbol{g} = a_1 \boldsymbol{i} + a_2 \boldsymbol{j} + a_3 \boldsymbol{k}$$

とすれば, grad f の定義 (44 ページ) によって,

$$(2) \qquad a_1 = \frac{\partial f}{\partial x}, \quad a_2 = \frac{\partial f}{\partial y}, \quad a_3 = \frac{\partial f}{\partial z}.$$

そのとき, § 16 の (15) 式 (96 ページ), (2) 式と 3 変数合成関数の偏微分の公式によって,

$$\tilde{a}_1 = \frac{1}{g_1}\left(\frac{\partial x}{\partial u} a_1 + \frac{\partial y}{\partial u} a_2 + \frac{\partial z}{\partial u} a_3\right)$$
$$= \frac{1}{g_1}\left(\frac{\partial x}{\partial u}\frac{\partial f}{\partial x} + \frac{\partial y}{\partial u}\frac{\partial f}{\partial y} + \frac{\partial z}{\partial u}\frac{\partial f}{\partial z}\right) = \frac{1}{g_1}\frac{\partial f}{\partial u},$$

同様にして, えられる:

$$\tilde{a}_2 = \frac{1}{g_2}\frac{\partial f}{\partial v}, \quad \tilde{a}_3 = \frac{1}{g_3}\frac{\partial f}{\partial w}$$

とあわせて, (1) 式から, つぎの表示式がえられる:

$$(3) \qquad \mathrm{grad}\ f = \frac{1}{g_1}\frac{\partial f}{\partial u}\boldsymbol{e} + \frac{1}{g_2}\frac{\partial f}{\partial v}\boldsymbol{f} + \frac{1}{g_3}\frac{\partial f}{\partial w}\boldsymbol{g}$$

(grad f **の** (u, v, w) **系の基本ベクトルによる表示**)

2. rot $\boldsymbol{A}$ **の** (u, v, w) **系の基本ベクトルによる表示**

ベクトル場 $\boldsymbol{A}$ があたえられているとする. 直交曲線座標系 (u, v, w) の点 P(u, v, w) における基本ベクトルを $\boldsymbol{e}$, $\boldsymbol{f}$, $\boldsymbol{g}$ とし,

$$(4) \qquad \boldsymbol{A} = \tilde{A}_1 \boldsymbol{e} + \tilde{A}_2 \boldsymbol{f} + \tilde{A}_3 \boldsymbol{g}$$

とする. そのとき,

$$(5) \qquad \mathrm{rot}\ \boldsymbol{A} = \mathrm{rot}\ (\tilde{A}_1 \boldsymbol{e}) + \mathrm{rot}\ (\tilde{A}_2 \boldsymbol{f}) + \mathrm{rot}\ (\tilde{A}_3 \boldsymbol{g}).$$

rot ($\tilde{A}_1 \boldsymbol{e}$) を計算しよう! § 16 の (9) 式 (94 ページ) によって,

$$\mathrm{rot}\ (\tilde{A}_1 \boldsymbol{e}) = \mathrm{rot}\ (\tilde{A}_1 g_1 \mathrm{grad}\ u) = *.$$

ここで, 積の回転の公式 (57 ページ) を用いれば,

$$* = \mathrm{grad}\ (g_1 \tilde{A}_1) \times \mathrm{grad}\ u + g_1 \tilde{A}_1\ \mathrm{rot\ grad}\ u = **.$$

rot grad の公式（58ページ）によって，

$$\mathrm{rot}\ \mathrm{grad}\ u = \mathbf{0}$$

であるから，

$$** = \mathrm{grad}\,(g_1\tilde{A}_1) \times \mathrm{grad}\ u = ***.$$

ここで，（3）式と §16 の（9）式（94ページ）を用いれば，

$$***$$
$$= \left\{ \frac{1}{g_1}\frac{\partial(g_1\tilde{A}_1)}{\partial u}\boldsymbol{e} + \frac{1}{g_2}\frac{\partial(g_1\tilde{A}_1)}{\partial v}\boldsymbol{f} + \frac{1}{g_3}\frac{\partial(g_1\tilde{A}_1)}{\partial w}\boldsymbol{g} \right\} \times \frac{1}{g_1}\boldsymbol{e}$$
$$= ****.$$

$$\boldsymbol{e}\times\boldsymbol{e} = \mathbf{0},\quad \boldsymbol{f}\times\boldsymbol{e} = -\boldsymbol{g},\quad \boldsymbol{g}\times\boldsymbol{e} = \boldsymbol{f}$$

に注意すれば，

$$**** = \frac{1}{g_3 g_1}\frac{\partial(g_1\tilde{A}_1)}{\partial w}\boldsymbol{f} - \frac{1}{g_1 g_2}\frac{\partial(g_1\tilde{A}_1)}{\partial v}\boldsymbol{g}.$$

$$\therefore\quad \mathrm{rot}\,(\tilde{A}_1\boldsymbol{e}) = \frac{1}{g_3 g_1}\frac{\partial(g_1\tilde{A}_1)}{\partial w}\boldsymbol{f} - \frac{1}{g_1 g_2}\frac{\partial(g_1\tilde{A}_1)}{\partial v}\boldsymbol{g}.$$

同様にして，えられる：

$$\mathrm{rot}\,(\tilde{A}_2\boldsymbol{f}) = \frac{1}{g_1 g_2}\frac{\partial(g_2\tilde{A}_2)}{\partial u}\boldsymbol{g} - \frac{1}{g_2 g_3}\frac{\partial(g_2\tilde{A}_2)}{\partial w}\boldsymbol{e},$$

$$\mathrm{rot}\,(\tilde{A}_3\boldsymbol{g}) = \frac{1}{g_2 g_3}\frac{\partial(g_3\tilde{A}_3)}{\partial v}\boldsymbol{e} - \frac{1}{g_3 g_1}\frac{\partial(g_3\tilde{A}_3)}{\partial u}\boldsymbol{f}$$

とあわせて，（5）式から，つぎの公式がえられる：

（6）
$$\mathrm{rot}\,\boldsymbol{A} = \frac{1}{g_2 g_3}\left\{\frac{\partial(g_3\tilde{A}_3)}{\partial v} - \frac{\partial(g_2\tilde{A}_2)}{\partial w}\right\}\boldsymbol{e} + \frac{1}{g_3 g_1}\left\{\frac{\partial(g_1\tilde{A}_1)}{\partial w} - \frac{\partial(g_3\tilde{A}_3)}{\partial u}\right\}\boldsymbol{f} + \frac{1}{g_1 g_2}\left\{\frac{\partial(g_2\tilde{A}_2)}{\partial u} - \frac{\partial(g_1\tilde{A}_1)}{\partial v}\right\}\boldsymbol{g}.$$

（rot $\boldsymbol{A}$ の（u, v, w）系の基本ベクトルによる表示）

この公式は，つぎのおぼえやすい形に，あらわすことができる：

$$\mathrm{rot}\,\boldsymbol{A} = \begin{vmatrix} \dfrac{\boldsymbol{e}}{g_2 g_3} & \dfrac{\boldsymbol{f}}{g_3 g_1} & \dfrac{\boldsymbol{g}}{g_1 g_2} \\ \dfrac{\partial}{\partial u} & \dfrac{\partial}{\partial v} & \dfrac{\partial}{\partial w} \\ g_1\tilde{A}_1 & g_2\tilde{A}_2 & g_3\tilde{A}_3 \end{vmatrix}.$$

3. 直交曲線座標系における発散　ベクトル場 $\boldsymbol{A}$ があたえられているとする．直交曲線座標系 (u, v, w) の点 $\mathrm{P}(u, v, w)$ における基本ベクトルを $\boldsymbol{e}$, $\boldsymbol{f}$, $\boldsymbol{g}$ とし，

$$\boldsymbol{A} = \widetilde{A}_1 \boldsymbol{e} + \widetilde{A}_2 \boldsymbol{f} + \widetilde{A}_3 \boldsymbol{g}$$

とする．そのとき，

$$(7) \quad \mathrm{div}\, \boldsymbol{A} = \mathrm{div}\,(\widetilde{A}_1 \boldsymbol{e}) + \mathrm{div}\,(\widetilde{A}_2 \boldsymbol{f}) + \mathrm{div}\,(\widetilde{A}_3 \boldsymbol{g}).$$

$\mathrm{div}\,(\widetilde{A}_1 \boldsymbol{e})$ を計算しよう！

$$\boldsymbol{e} = \boldsymbol{f} \times \boldsymbol{g},$$

$$\boldsymbol{f} = g_2\, \mathrm{grad}\, v, \quad \boldsymbol{g} = g_3\, \mathrm{grad}\, w$$

(§ 16 の (9) 式 (94 ページ))

を用いれば，

$$\mathrm{div}\,(\widetilde{A}_1 \boldsymbol{e}) = \mathrm{div}\,(\widetilde{A}_1 \boldsymbol{f} \times \boldsymbol{g})$$
$$= \mathrm{div}\,(\widetilde{A}_1 g_2 g_3\, \mathrm{grad}\, v \times \mathrm{grad}\, w) = *.$$

ここで，積の発散の公式 (57 ページ) を用いれば，

$$* = \{\mathrm{grad}\,(g_2 g_3 \widetilde{A}_1)\} \cdot (\mathrm{grad}\, v \times \mathrm{grad}\, w)$$
$$+ g_2 g_3 \widetilde{A}_1\, \mathrm{div}\,(\mathrm{grad}\, v \times \mathrm{grad}\, w) = **.$$

ここで，外積の発散の公式 (57 ページ) を用いれば，

$$(8) \quad \mathrm{div}\,(\mathrm{grad}\, v \times \mathrm{grad}\, w)$$
$$= (\mathrm{rot}\, \mathrm{grad}\, v) \cdot \mathrm{grad}\, w - (\mathrm{grad}\, v) \cdot \mathrm{rot}\, \mathrm{grad}\, w.$$

さらに，rot grad の公式 (58 ページ) を用いれば，

$$\mathrm{rot}\, \mathrm{grad}\, v = 0, \quad \mathrm{rot}\, \mathrm{grad}\, w = 0$$

であるから，(8) 式の右辺は，0 に等しい．したがって，

$$** = (\mathrm{grad}\, v \times \mathrm{grad}\, w) \cdot \{\mathrm{grad}\,(g_2 g_3 \widetilde{A}_1)\} = ***.$$

ここで，§ 16 の (9) 式 (94 ページ) と (3) 式を用いれば，

$$*** = \frac{1}{g_2 g_3} (\boldsymbol{f} \times \boldsymbol{g}) \cdot$$
$$\cdot \left\{ \frac{1}{g_1} \frac{\partial (g_2 g_3 \widetilde{A}_1)}{\partial u} \boldsymbol{e} + \frac{1}{g_2} \frac{\partial (g_2 g_3 \widetilde{A}_1)}{\partial v} \boldsymbol{f} + \frac{1}{g_3} \frac{\partial (g_2 g_3 \widetilde{A}_1)}{\partial w} \right\} \boldsymbol{g}$$
$$= ****.$$

$$\boldsymbol{f} \times \boldsymbol{g} = \boldsymbol{e}, \quad \boldsymbol{e} \cdot \boldsymbol{e} = 1, \quad \boldsymbol{e} \cdot \boldsymbol{f} = 0, \quad \boldsymbol{e} \cdot \boldsymbol{g} = 0$$

に注意すれば，

$$**** = \frac{1}{g_1 g_2 g_3} \frac{\partial (g_2 g_3 \widetilde{A}_1)}{\partial u}.$$

$$\therefore \qquad \operatorname{div}(\tilde{A}_1 \boldsymbol{e}) = \frac{1}{g_1 g_2 g_3} \frac{\partial(g_2 g_3 \tilde{A}_1)}{\partial u}.$$

同様にして，えられる：

$$\operatorname{div}(\tilde{A}_2 \boldsymbol{f}) = \frac{1}{g_1 g_2 g_3} \frac{\partial(g_3 g_1 \tilde{A}_2)}{\partial v},$$

$$\operatorname{div}(\tilde{A}_3 \boldsymbol{g}) = \frac{1}{g_1 g_2 g_3} \frac{\partial(g_1 g_2 \tilde{A}_3)}{\partial w}$$

とあわせて，(7)式から，つぎの公式がえられる：

(9) $\operatorname{div} \boldsymbol{A}$

$$= \frac{1}{g_1 g_2 g_3} \left\{ \frac{\partial(g_2 g_3 \tilde{A}_1)}{\partial u} + \frac{\partial(g_3 g_1 \tilde{A}_2)}{\partial v} + \frac{\partial(g_1 g_2 \tilde{A}_3)}{\partial w} \right\}.$$

（$\operatorname{div} \boldsymbol{A}$ の (u, v, w) 系表示）

4. 応用例　曲線座標系として，極座標系 (r, θ, φ) をえらんだ場合を考えよう！

$$\begin{cases} x = r \sin\theta \cos\varphi, \\ y = r \sin\theta \sin\varphi, \\ z = r \cos\theta. \end{cases}$$

§16 の(16)式（96ページ）で求めたように，

$$g_1 = 1, \quad g_2 = r, \quad g_3 = r \sin\theta.$$

§16 の(17)式（97ページ）で求めた，極座標系：(r, θ, φ) の基本ベクトルを $\boldsymbol{e}$, $\boldsymbol{f}$, $\boldsymbol{g}$ とすれば，(3)式によって，つぎの $\operatorname{grad} f$ の表示式がえられる：

$$(10) \qquad \operatorname{grad} f = \frac{\partial f}{\partial r} \boldsymbol{e} + \frac{1}{r} \frac{\partial f}{\partial \theta} \boldsymbol{f} + \frac{1}{r \sin\theta} \frac{\partial f}{\partial \varphi} \boldsymbol{g}.$$

（$\operatorname{grad} f$ の (r, θ, φ) 系の基本ベクトルによる表示式）

また，(6)式によって，つぎの $\operatorname{rot} \boldsymbol{A}$ の表示式がえられる：

$$(11) \qquad \operatorname{rot} \boldsymbol{A} = \frac{1}{r^2 \sin\theta} \left\{ \frac{\partial(\tilde{A}_3 r \sin\theta)}{\partial \theta} - \frac{\partial(r \tilde{A}_2)}{\partial \varphi} \right\} \boldsymbol{e}$$

$$+ \frac{1}{r \sin\theta} \left\{ \frac{\partial \tilde{A}_1}{\partial \varphi} - \frac{\partial(\tilde{A}_3 r \sin\theta)}{\partial r} \right\} \boldsymbol{f}$$

$$+ \frac{1}{r} \left\{ \frac{\partial(r \tilde{A}_2)}{\partial r} - \frac{\partial \tilde{A}_1}{\partial \theta} \right\} \boldsymbol{g}$$

$$= \frac{1}{r\sin\theta}\left\{\frac{\partial(\tilde{A}_3\sin\theta)}{\partial\theta} - \frac{\partial\tilde{A}_2}{\partial\varphi}\right\}\boldsymbol{e}$$
$$+ \frac{1}{r}\left\{\frac{1}{\sin\theta}\frac{\partial\tilde{A}_1}{\partial\varphi} - \frac{\partial(r\tilde{A}_3)}{\partial r}\right\}\boldsymbol{f}$$
$$+ \frac{1}{r}\left\{\frac{\partial(r\tilde{A}_2)}{\partial r} - \frac{\partial\tilde{A}_1}{\partial\theta}\right\}\boldsymbol{g}.$$

(rot $\boldsymbol{A}$ の (r, θ, φ) 系の基本ベクトルによる表示)

さらに, (9) 式によって, つぎの div $\boldsymbol{A}$ の表示式がえられる:

(12) div $\boldsymbol{A}$

$$= \frac{1}{r^2\sin\theta}\left\{\frac{\partial(\tilde{A}_1 r^2\sin\theta)}{\partial r} + \frac{\partial(\tilde{A}_2 r\sin\theta)}{\partial\theta} + \frac{\partial(r\tilde{A}_3)}{\partial\varphi}\right\}$$
$$= \frac{1}{r}\left\{\frac{1}{r}\frac{\partial(r^2\tilde{A}_1)}{\partial r} + \frac{1}{\sin\theta}\frac{\partial(\tilde{A}_2\sin\theta)}{\partial\theta} + \frac{1}{\sin\theta}\frac{\partial\tilde{A}_3}{\partial\varphi}\right\}$$

(div $\boldsymbol{A}$ の (r, θ, φ) 系表示)

***問 1.** **応用例** にならって, 曲線座標系として, 円柱座標系: (r, θ, z) をえらんだ場合について, grad f, rot $\boldsymbol{A}$ の (r, θ, z) 系の基本ベクトルによる表示, および, div $\boldsymbol{A}$ の (r, θ, z) 系表示を求めよ.

問 2. $f = \sqrt{x^2 + y^2 + z^2}$ について,

(1) O-xyz 系での grad f の表示式を求めよ.

(2) 円柱座標系: (r, θ, z) での grad f の表示式を求めよ.

(3) 極座標系: (r, θ, φ) での grad f の表示式を求めよ.

問 3. 極座標系での成分表示が, $(\tilde{A}_1, \tilde{A}_2, \tilde{A}_3) = (r, \theta, \varphi)$ であるベクトル場 $\boldsymbol{A}$ について,

(1) (11) 式を利用して, rot $\boldsymbol{A}$ の r-成分, θ-成分, φ-成分を求めよ:

(2) (1) の結果と § 16 の (18) 式 (97ページ) を利用して, O-xyz 系での, rot $\boldsymbol{A}$ の x-成分, y-成分, z-成分を求めよ:

(3) (12) 式を利用して, div $\boldsymbol{A}$ を求めよ.

***問 4.** f のラプラス演算子 Δf が, Δf = div grad f (61ページ) とあらわせることに注意し, (3) 式と (9) 式を利用して, Δf を, 直交曲線座標系: (u, v, w) であらわす式を求めよ.

***問 5.** **前問** と **応用例** を利用して, Δf を, 極座標系: (r, θ, φ) であらわす式を求めよ.

問 6. 問 4 と 問 1 の結果を利用して，Δf を，円柱座標系：(r, θ, z) であらわす式を求めよ．

7

物理学への応用

§ 18. 流体力学

1. 連続の方程式　空間における，流体の速度ベクトルの場を $\boldsymbol{v}$ とし，流体の密度を ρ とする． $\boldsymbol{v}$ と ρ は，ともに，位置 (x, y, z) と時刻 t の関数である: $\boldsymbol{v} = \boldsymbol{v}(x, y, z, t)$, $\rho = \rho(x, y, z, t)$.　流体の中に，固定した，任意の閉曲面を S とし，S の内部を V とする．

単位時間に V の表面 S から流出する流体の質量は，V の総質量の単位時間における減少に等しい．　このことを，式であらわせば，

(1)
$$\iint_S \rho \boldsymbol{v} \cdot \boldsymbol{n} \, dS = -\frac{\partial}{\partial t} \iiint_V \rho \, dV = -\iiint_V \frac{\partial \rho}{\partial t} \, dV.$$
（ $\boldsymbol{n}$: 単位外法線ベクトル ）

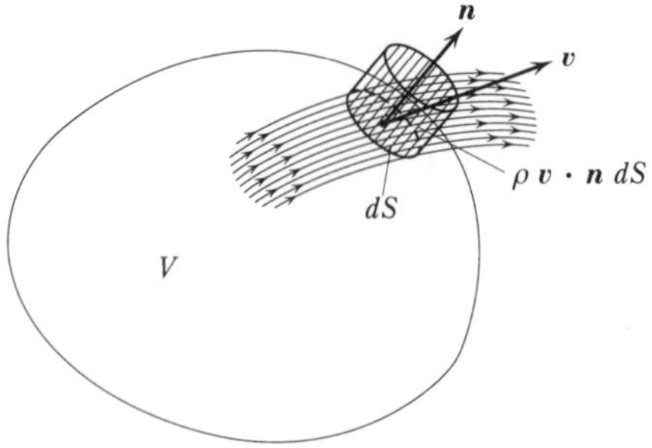

図　1:　（1）式の左辺の幾何学的な意味をしめす図.

この式の左辺の $\iint_S \rho \boldsymbol{v}\cdot\boldsymbol{n}\, dS$ は，単位時間に V の表面 S から流出する流体の質量をあらわす（**図 1** 参照）． また，右辺の $\iiint_V \rho\, dV$ は，V の総質量をあらわし，$\dfrac{\partial}{\partial t}\iiint_V \rho\, dV$ は，V の総質量の単位時間における変化（増加ならば 正，減少ならば 負）をあらわす．

（1）式の左辺に，**ガウスの発散定理**（72ページ）を用いれば，

$$\iint_S \rho \boldsymbol{v}\cdot\boldsymbol{n}\, dS = \iiint_V \mathrm{div}(\rho \boldsymbol{v})\, dV. \tag{2}$$

（1）式 と（2）式 によって，

$$\iiint_V \mathrm{div}(\rho \boldsymbol{v})\, dV = -\iiint_V \frac{\partial \rho}{\partial t}\, dV.$$

$$\therefore \quad \iiint_V \left\{ \frac{\partial \rho}{\partial t} + \mathrm{div}(\rho v) \right\} dV = 0. \tag{3}$$

ここで，つぎの補助定理を証明しておこう:

補助定理　$f = f(x, y, z)$ を，空間の領域 D で定義された連続関数とする． 領域 D の任意の部分領域 $\varDelta$ に対して，つねに，

$$\iiint_\varDelta f\, dV = 0 \tag{4}$$

ならば，

$$f \equiv 0.$$

証明　背理法によって証明しよう．

仮に，ある点 $(x_0, y_0, z_0) \in D$ で，

$$f(x_0, y_0, z_0) \neq 0$$

であったとする． $f(x_0, y_0, z_0) < 0$ ならば，f のかわりに，$-f$ を考えればよいから，$f(x_0, y_0, z_0) > 0$ と仮定してよい． f は連続関数であるから，点 (x_0, y_0, z_0) をふくむ小領域 $\varDelta$ をえらべば，

$$f(x, y, z) > 0 \qquad ((x, y, z) \in \varDelta).$$

$$\therefore \quad \iiint_\varDelta f\, dV > 0.$$

これは，（4）式 に矛盾する．（証明終）

（3）式 は，任意の V に対して，なりたつから，**補助定理** によって，つぎの **連続の方程式** がなりたつことがわかる:

(5) $\dfrac{\partial\rho}{\partial t} + \mathrm{div}(\rho\boldsymbol{v}) = 0$	(**連続の方程式**)

流体の密度 ρ が，定数に等しい流体を **縮まない流体** という． そのとき，方程式(5)は，つぎの方程式に帰着する:

(6) $\mathrm{div}\ \boldsymbol{v} = 0.$	(**縮まない流体の連続の方程式**)

2. 流体粒子の加速度の表示式 流体中において，時刻 t に，点 (x, y, z) にあった流体粒子が，時刻 $t+\varDelta t$ に，点 $(x+\varDelta x,\ y+\varDelta y,\ z+\varDelta z)$ にあるとすれば，4 変数の平均値の定理によって，

$$\begin{aligned}\varDelta\boldsymbol{v} &\equiv \boldsymbol{v}(x+\varDelta x,\ y+\varDelta y,\ z+\varDelta z,\ t+\varDelta t) - \boldsymbol{v}(x, y, z, t)\\ &= \left[\frac{\partial\boldsymbol{v}}{\partial x}\right]_\theta\varDelta x + \left[\frac{\partial\boldsymbol{v}}{\partial y}\right]_\theta\varDelta y + \left[\frac{\partial\boldsymbol{v}}{\partial z}\right]_\theta\varDelta z + \left[\frac{\partial\boldsymbol{v}}{\partial t}\right]_\theta\varDelta t\\ &\qquad\qquad (0<\theta<1);\end{aligned}$$

ここに，$\left[\dfrac{\partial\boldsymbol{v}}{\partial x}\right]_\theta$ などは，$\dfrac{\partial\boldsymbol{v}}{\partial x}$ の

$$(x+\theta\cdot\varDelta x,\ y+\theta\cdot\varDelta y,\ z+\theta\cdot\varDelta z,\ t+\theta\cdot\varDelta t)$$

における値をあらわしている． したがって，**流体粒子の加速度** を $\dfrac{D\boldsymbol{v}}{Dt}$ とすれば，

$$\begin{aligned}\frac{D\boldsymbol{v}}{Dt} &= \lim_{\varDelta t\to 0}\frac{\varDelta\boldsymbol{v}}{\varDelta t}\\ &= \frac{\partial\boldsymbol{v}}{\partial x}\frac{\partial x}{\partial t} + \frac{\partial\boldsymbol{v}}{\partial y}\frac{\partial y}{\partial t} + \frac{\partial\boldsymbol{v}}{\partial z}\frac{\partial z}{\partial t} + \frac{\partial\boldsymbol{v}}{\partial t}\\ &= \left(\frac{\partial x}{\partial t}\boldsymbol{i} + \frac{\partial y}{\partial t}\boldsymbol{j} + \frac{\partial z}{\partial t}\boldsymbol{k}\right)\cdot\left(\frac{\partial}{\partial x}\boldsymbol{i} + \frac{\partial}{\partial y}\boldsymbol{j} + \frac{\partial}{\partial z}\boldsymbol{k}\right)\boldsymbol{v} + \frac{\partial\boldsymbol{v}}{\partial t}\\ &= (\boldsymbol{v}\cdot\mathrm{grad})\,\boldsymbol{v} + \frac{\partial\boldsymbol{v}}{\partial t}.\end{aligned}$$

(7) $\therefore\quad \dfrac{D\boldsymbol{v}}{Dt} = \dfrac{\partial\boldsymbol{v}}{\partial t} + (\boldsymbol{v}\cdot\mathrm{grad})\,\boldsymbol{v}$	(**流体粒子の加速度の表示式**)

3. オイラーの運動方程式　非圧縮，非粘性の流体を **完全流体** という．完全流体の中に固定した，任意の閉曲面を S とし，S の内部を V とする．この領域 V をしめる流体について，力のつりあいを考えよう！ 表面 S の各点に，内法線方向の圧力 $-p\boldsymbol{n}$（$\boldsymbol{n}$ は外法線方向単位ベクトル； 図 2 参照）が働いているほか，流体の各部分の単位質量に，外力 $\boldsymbol{K}$ が働いている．

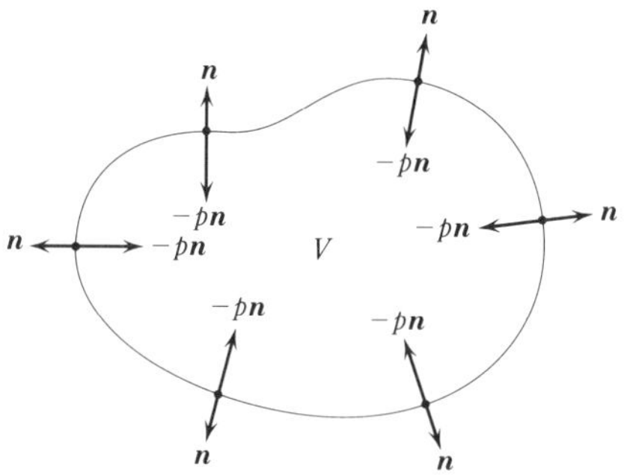

図 2: 表面 S の各点に，内法線方向の圧力 $-p\boldsymbol{n}$ が働いていることをしめす図． 外法線方向単位ベクトル $\boldsymbol{n}$ とは，逆の向きになる．

これらの力によって，流体は，一般に，加速度をもつわけであるが，**ダランベールの原理** を利用して，この加速度にもとづく **慣性力** をつけ加えれば，流体に働く力がつりあう． このことを，式であらわせば，

$$(8) \quad \iint_S (-p\boldsymbol{n})\,dS + \iiint_V \boldsymbol{K}\rho\,dV - \iiint_V \frac{D\boldsymbol{v}}{Dt}\rho\,dV = 0;$$

ここで，$\dfrac{D\boldsymbol{v}}{Dt}$ は（7）式の流体粒子の加速度であり，それに微小質量 $\rho\,dV$ をかけて積分したもの $\iiint_V \dfrac{D\boldsymbol{v}}{Dt}\rho\,dV$ が，V における慣性力の総和である． （8）式は，つぎのように，あらわすことができる：

$$(9) \quad \iiint_V \left(\boldsymbol{K} - \frac{D\boldsymbol{v}}{Dt}\right)\rho\,dV - \iint_S p\boldsymbol{n}\,dS = \boldsymbol{0}.$$

ここで，**ガウスの定理**（75 ページ）を用いれば，

$$(10) \quad \iint_S p\boldsymbol{n}\,dS = \iiint_V \mathrm{grad}\ p\,dV$$

とあらわすことができるから，（9）式と（10）式によって，

$$(11)\qquad \iiint_V \left\{\left(\boldsymbol{K} - \frac{D\boldsymbol{v}}{Dt}\right)\rho - \mathrm{grad}\ p\right\} dV = \boldsymbol{0}.$$

この方程式が，任意の V に対してなりたつから，**補助定理** によって，

$$\left(\boldsymbol{K} - \frac{D\boldsymbol{v}}{Dt}\right)\rho - \mathrm{grad}\ p = 0.$$

したがって，つぎの **オイラーの運動方程式** がなりたつ：

$$(12)\qquad \frac{D\boldsymbol{v}}{Dt} = \boldsymbol{K} - \frac{1}{\rho}\,\mathrm{grad}\ p.$$ （ **オイラーの運動方程式** ）

ここで，（ 7 ）式の右辺の第 2 項は，内積の勾配の公式（ 57 ページ ）によって，

$$(\boldsymbol{v}\cdot\mathrm{grad})\,\boldsymbol{v} = \mathrm{grad}\,\frac{|\boldsymbol{v}|^2}{2} - \boldsymbol{v}\times\mathrm{rot}\ \boldsymbol{v}$$

とあらわせることに注意すれば（ **問 2** 参照 ），（ 12 ）式は，つぎの形にあらわすことができる：

$$(13)\qquad \frac{\partial\boldsymbol{v}}{\partial t} = \boldsymbol{K} - \frac{1}{\rho}\,\mathrm{grad}\ p - \mathrm{grad}\,\frac{|\boldsymbol{v}|^2}{2} + \boldsymbol{v}\times\mathrm{rot}\ \boldsymbol{v}.$$

（ **オイラーの運動方程式** ）

4. 拡張されたベルヌーイの定理

速度ベクトル $\boldsymbol{v}$ から，

$$(14)\qquad \boldsymbol{\omega} = \mathrm{rot}\ \boldsymbol{v}$$

によって，みちびかれるベクトル場 $\boldsymbol{\omega}$ を **うず度** という．（ **うず度の定義** ）

$\boldsymbol{\omega} = \boldsymbol{0}$ のとき，流れは **うずなし** である という．

流れが，縮まない流体： $\rho = \mathrm{const.}$ で，うずなしであると仮定する．したがって，

$$(15)\qquad \mathrm{div}\ \boldsymbol{v} = 0 \qquad (\because\ (6)\text{式}),$$

$$(16)\qquad \boldsymbol{\omega} = \mathrm{rot}\ \boldsymbol{v} = \boldsymbol{0}.$$

§ 11 の**定理 1**（ 55 ページ ）によって，rot $\boldsymbol{v} = \boldsymbol{0}$ ならば，

$$(17)\qquad \boldsymbol{v} = \mathrm{grad}\ \Phi$$

をみたすポテンシャル $-\Phi$ が存在する． そのとき，§ 12 の（ 21 ）式

（ 61ページ ）によって，

$$\Delta \varPhi = \mathrm{div}(\mathrm{grad}\ \varPhi) = \mathrm{div}\ \boldsymbol{v} = 0$$

$$(18) \qquad \therefore \qquad \Delta \varPhi = 0.$$

$\varPhi$ を **速度ポテンシャル** という． （18）式 によって，速度ポテンシャル $\varPhi$ は，調和関数である．

オイラーの運動方程式（13）において，

$$\mathrm{rot}\ \boldsymbol{v} = \boldsymbol{0},$$

$$\frac{\partial \boldsymbol{v}}{\partial t} = \frac{\partial}{\partial t}\,\mathrm{grad}\ \varPhi = \mathrm{grad}\ \frac{\partial \varPhi}{\partial t}$$

とおけることに注意すれば，（13）式 から，つぎの方程式がえられる：

$$(19) \qquad \boldsymbol{K} = \mathrm{grad}\left(\frac{\partial \varPhi}{\partial t} + \frac{1}{2}\,|\,\boldsymbol{v}\,|^2 + \frac{p}{\rho}\right).$$

ここで，外力 $\boldsymbol{K}$ が保存力場である；すなわち，

$$(20) \qquad \boldsymbol{K} = -\,\mathrm{grad}\ \varOmega$$

をみたすポテンシャル $\varOmega$ が存在するならば，（19）式 を積分することによって，つぎの **拡張されたベルヌーイの定理** がえられる：

$$(21) \qquad \frac{\partial \varPhi}{\partial t} + \frac{1}{2}v^2 + \frac{p}{\rho} + \varOmega = F(t)$$

（ $v = |\,\boldsymbol{v}\,|$，$F(t)$ は任意関数 ）．

（ 拡張されたベルヌーイの定理 ）

5. ベルヌーイの定理 3 項の場合にもどって，完全流体の中で，外力 $\boldsymbol{K}$ は保存力であると仮定し，$\boldsymbol{K}$ のポテンシャルを $\varOmega$ とする． さらに，縮まない流体: $\rho = \mathrm{const.}$ であって，

定常流; すなわち，時刻に関係しない流れ

であると仮定しよう！ 流れが定常流であるならば，

$$(22) \qquad \frac{\partial \boldsymbol{v}}{\partial t} = \boldsymbol{0}$$

であるから，（13）式 と（22）式 によって，つぎの運動方程式がなりたつ：

$$(23) \qquad \mathrm{grad}\left(\frac{1}{2}v^2 + \frac{p}{\rho} + \varOmega\right) = \boldsymbol{v} \times \boldsymbol{\omega} \qquad (\ v = |\,\boldsymbol{v}\,|\ ).$$

曲線の各点における接線が，その点における速度ベクトル $\boldsymbol{v}$ の方向に一致するような曲線を **流線** という（図 3）.　　（**流線の定義**）

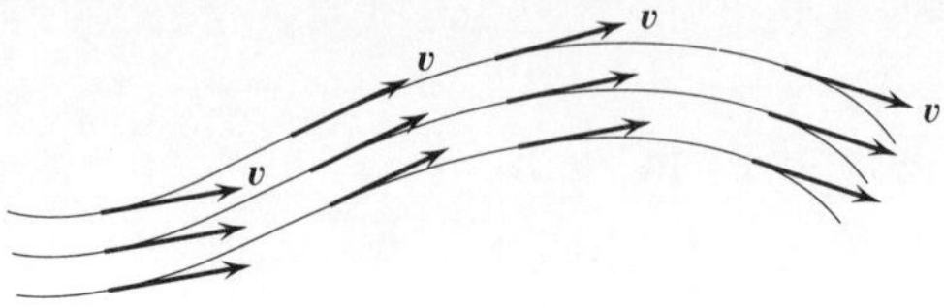

図　3:　各点における接線が，その点における速度ベクトル v に一致する曲線を流線という.

同様に，曲線の各点における接線が，その点におけるうず度ベクトル $\boldsymbol{\omega}$ の方向に一致するような曲線を **うず線** という.　　（**渦線の定義**）

(24)
$$f \equiv \frac{1}{2} v^2 + \frac{p}{\rho} + \Omega$$

とおけば，(23) 式は，つぎのようにあらわせる:

(25)
$$\mathrm{grad}\, f = \boldsymbol{v} \times \boldsymbol{\omega}.$$

§ 9 の定理 1（44 ページ）によって，

grad f は，等位面: f = const. に垂直である.

また，(25) 式とベクトル積 $\boldsymbol{v} \times \boldsymbol{\omega}$ の定義（12 ページ）によって，

$$\mathrm{grad}\, f \perp \boldsymbol{v}, \quad \mathrm{grad}\, f \perp \boldsymbol{\omega}.$$

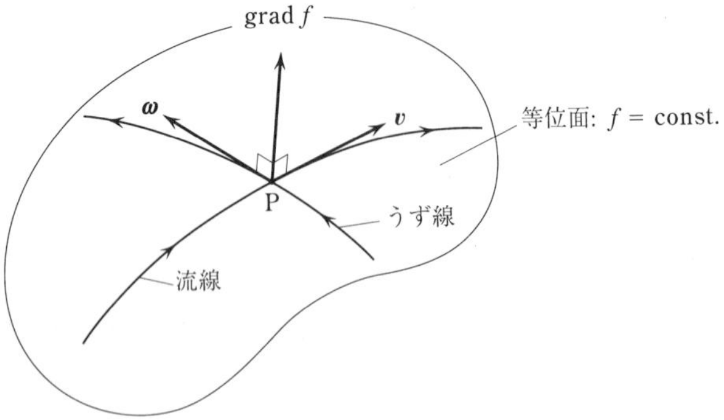

図　4:　流線とうず線が，等位面: f = const. 上にのっていることをしめす図.

したがって，流線とうず線は，等位面: $f = \text{const.}$ 上にのっていることがわかる（前ページの **図 4** 参照）.

したがって，逆に，流線またはうず線上では，$f = \text{const.}$ であることがわかる． したがって，(23) 式によって，つぎの **ベルヌーイの定理** がなりたつ:

> 任意の流線 または うず線上で，
>
> (26) $$\frac{1}{2}v^2 + \frac{p}{\rho} + \Omega = \text{const.} \qquad (v = |\boldsymbol{v}|).$$
>
> （**ベルヌーイの定理**）

＊問 1. 熱伝導体 D の熱伝導率を k，比熱を σ，密度を ρ とする．D における温度分布を

$$\boldsymbol{u} = \boldsymbol{u}(x, y, z, t) \qquad ((x, y, z) \in D; \quad t\text{: 時刻}),$$

熱の流れの速度ベクトルを $\boldsymbol{v} = v(x, y, z, t)$ とすれば，つぎの方程式がなりたつ:

$$\boldsymbol{v} = -k \operatorname{grad} u.$$

一方，S を D 内の任意の閉曲面とし，S の内部を V とすれば，V 内の総熱量 H は，つぎの式であらわされる:

$$H = \iiint_V \sigma\rho u \, dV.$$

単位時間に V の表面 S から流出する熱量: $\iint_S \boldsymbol{v}\cdot\boldsymbol{n}\, dS$ （$\boldsymbol{n}$: 単位外法線ベクトル; $\boldsymbol{v}\cdot\boldsymbol{n} < 0$ ならば，その点からは逆に熱が流入する）は，総熱量の減少: $-\dfrac{\partial H}{\partial t}$ に等しい:

$$\iint_S \boldsymbol{v}\cdot\boldsymbol{n}\, dS = -\frac{\partial H}{\partial t}.$$

そのとき，連続の方程式 (5) の証明にならって，ガウスの定理を利用して，D で，つぎの **熱伝導方程式** がなりたつことを証明せよ:

$$\frac{\partial u}{\partial t} = c^2 \Delta u = c^2\left(\frac{\partial^2 u}{\partial x^2} + \frac{\partial^2 u}{\partial y^2} + \frac{\partial^2 u}{\partial z^2}\right) \qquad \left(c^2 = \frac{k}{\sigma\rho}\right).$$

問 2. 流体の密度 ρ が，時刻に関係しない定常密度であるとき，つぎの等式がなりたつことを証明せよ:

$$\boldsymbol{v}\cdot\operatorname{grad}\rho + \rho \operatorname{div}\boldsymbol{v} = 0. \qquad (\boldsymbol{v}\text{ は速度ベクトル})$$

問 3.　縮まない流体において，速度ベクトル $\boldsymbol{v}$ が，つぎの式によってあたえられるとき（速度 $\boldsymbol{v}$ の $\boldsymbol{k}$-成分は，いずれも，0），

（ i ）$\boldsymbol{v}$ は，連続の方程式 をみたすことを証明せよ．

（ ii ）$\boldsymbol{v}$ は，うずなし であることを証明せよ．

（ iii ）$\boldsymbol{v}$ の速度ポテンシャル $\boldsymbol{\Phi}$ を求めよ．

（1）$\boldsymbol{v} = 2xy\,\boldsymbol{i} + (x^2 - y^2)\boldsymbol{j}$.

（2）$\boldsymbol{v} = (3x^2y - y^3)\boldsymbol{i} + (x^3 - 3xy^2)\boldsymbol{j}$.

（3）$\boldsymbol{v} = \dfrac{x}{x^2 + y^2}\boldsymbol{i} + \dfrac{y}{x^2 + y^2}\boldsymbol{j} \quad (x^2 + y^2 \neq 0)$.

（4）$\boldsymbol{v} = -\dfrac{y}{x^2 + y^2}\boldsymbol{i} + \dfrac{x}{x^2 + y^2}\boldsymbol{j} \quad (x^2 + y^2 \neq 0)$.

問 4.　外力 $\boldsymbol{K}$ が，重力の加速度: $\boldsymbol{g} = (0,\ 0,\ -g)$ にもとづく重力である場合のベルヌーイの定理（26）をかけ．

＊問 5.　内積の勾配の公式（57ページ）を用いて，流体粒子の加速度（7）式は，つぎの形にかけることを証明せよ:

$$\frac{D\boldsymbol{v}}{Dt} = \frac{\partial \boldsymbol{v}}{\partial t} + \mathrm{grad}\,\frac{|\boldsymbol{v}|^2}{2} - \boldsymbol{v} \times \mathrm{rot}\ \boldsymbol{v}.$$

§ 19. 電磁気学

1. 静電場のガウスの定理

静電場のガウスの定理　空間の点: $\mathrm{A}_1, \mathrm{A}_2, \cdots, \mathrm{A}_n$ に，それぞれ，電気量: $q_1, q_2, \cdots, q_n$ の電荷がある場合の **電場**: $\boldsymbol{E} = \boldsymbol{E}_{\mathrm{P}}$ は，つぎの式によってあたえられる:

$$\boldsymbol{E}_{\mathrm{P}} \equiv \sum_{i=1}^{n} \frac{q_i}{r_i^{\,3}}\,\boldsymbol{r}_i \qquad (\boldsymbol{r}_i = \overrightarrow{\mathrm{A}_i\mathrm{P}},\ r_i = |\boldsymbol{r}_i|).$$

区分的に滑らかな閉曲面 S が，点: $\mathrm{A}_1, \mathrm{A}_2, \cdots, \mathrm{A}_m$（$m \leqq n$）を，その内部にふくみ，点: $\mathrm{A}_{m+1}, \mathrm{A}_{m+2}, \cdots, \mathrm{A}_n$ を，その外部にふくむとき（$m = n$ のときは，外部の点はない），つぎの等式がなりたつ:

$$\iint_S \boldsymbol{E}\cdot\boldsymbol{n}\,dS = 4\pi(q_1 + q_2 + \cdots + q_m).$$

（**静電場のガウスの定理**）

このガウスの定理を証明しよう！ そのために，準備が必要である．

位置ベクトル: $\boldsymbol{r}=\overrightarrow{\mathrm{OP}}$ に対して，ベクトル場 $\boldsymbol{a}$ を，

（1）
$$\boldsymbol{a}=\frac{\boldsymbol{r}}{r^3} \qquad (r=|\boldsymbol{r}|)$$

によって定義する.

> **補助定理 1**　点 O を中心にもつ半径 c の球面を K とする: K: $|\boldsymbol{r}|=c$.　そのとき，つぎの等式がなりたつ:
> $$\iint_K \boldsymbol{a}\cdot\boldsymbol{n}\,dS=4\pi.$$

証明　球面 K 上では，$\boldsymbol{r}=c\,\boldsymbol{n}$，$r=c$ であるから，

$$\begin{aligned}\iint_K \boldsymbol{a}\cdot\boldsymbol{n}\,dS &= \iint_K\left(\frac{\boldsymbol{r}}{r^3}\right)\cdot\boldsymbol{n}\,dS\\ &= \iint_K \frac{c}{c^3}\,\boldsymbol{n}\cdot\boldsymbol{n}\,dS\\ &= \frac{1}{c^2}\iint_K dS=\frac{1}{c^2}(4\pi c^2)\\ &= 4\pi.\end{aligned}$$

（補助定理 1 の証明終）

> **補助定理 2**　S を区分的に滑らかな閉曲面とし，$\boldsymbol{a}$ を（1）式によって定義されるベクトル場とする.　そのとき，
>
> （2）
> $$\iint_S \boldsymbol{a}\cdot\boldsymbol{n}\,dS=\begin{cases}4\pi & (\text{点 O が } S \text{ の内部}),\\ 0 & (\text{点 O が } S \text{ の外部})\end{cases}$$
>
> がなりたつ.

証明　点 O が S の外部にあるとき:

閉曲面 S の内部を V とすれば，**ガウスの発散定理**（72 ページ）によって，

（3）
$$\iint_S \boldsymbol{a}\cdot\boldsymbol{n}\,dS=\iiint_V \mathrm{div}\,\boldsymbol{a}\,dV.$$

ここで，**§ 10** の例（51 ページ）によって，

（4）
$$\mathrm{div}\,\boldsymbol{a}=\mathrm{div}\,\frac{\boldsymbol{r}}{r^3}=0 \qquad (r\neq 0)$$

であることに注意すれば，

$$\iint_S \boldsymbol{a}\cdot\boldsymbol{n}\,dS=0.$$

点 O が S の内部にあるとき:

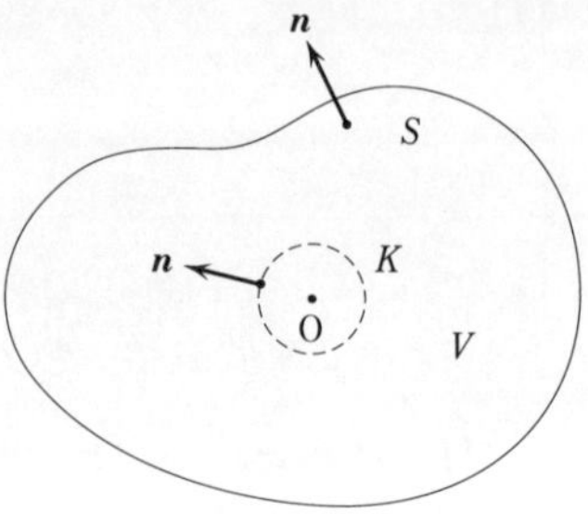

図 1: S の内部にふくまれる小さい球面をとって，S と K の間の領域 V に対して，ガウスの発散定理を用いる．

そのとき，$\boldsymbol{a}$ は，点 O で，偏微分可能でないので，(2) 式の左辺に，ガウスの発散定理を用いることはできない！ そこで，点 O を中心とし，S の内部にふくまれる小さい球面 K をとって (**図 1**)，S と K の間の領域 V に対して，**ガウスの発散定理** (72 ページ) を用いる． 領域 V では，(4) 式 がなりたつから，(4) 式と **補助定理 1** によって，

$$
\begin{aligned}
0 &= \iiint_V \operatorname{div} \boldsymbol{a}\, dV \\
&= \iint_S \boldsymbol{a}\cdot\boldsymbol{n}\, dS + \iint_K \boldsymbol{a}\cdot(-\boldsymbol{n})\, dS \\
&= \iint_S \boldsymbol{a}\cdot\boldsymbol{n}\, dS - 4\pi \qquad (\because\ \textbf{補助定理 1}).
\end{aligned}
$$

(補助定理 2 の証明終)

以上の準備のもとに，静電場のガウスの定理は，つぎのように証明される：

$$\iint_S \boldsymbol{E}\cdot\boldsymbol{n}\, dS = \sum_{i=1}^{n} q_i \iint_S \frac{1}{r_i^{\,3}}\, \boldsymbol{r}_i\cdot\boldsymbol{n}\, dS = *.$$

ここで，定理の仮定と **補助定理 2** によって，

$$\iint_S \frac{1}{r_i^{\,3}}\, \boldsymbol{r}_i\cdot\boldsymbol{n}\, dS = \begin{cases} 4\pi & (\ i = 1, 2, \cdots, m\ ), \\ 0 & (\ i = m+1, \cdots, n\ ). \end{cases}$$

したがって，

$$* = \sum_{i=1}^{m} 4\pi q_i. \qquad (\text{ 証明終 })$$

2. ビオ・サバールの法則

向きをもつ曲線 C 上を，正の向きに流れる，強さ I（I は一定）の電流のつくる **磁場**: $\boldsymbol{H}=\boldsymbol{H}_{\mathrm{P}}$ は，つぎの式によってあたえられる:

$$(5)\quad \boldsymbol{H}_{\mathrm{P}} \equiv \frac{I}{4\pi}\int_C \frac{\boldsymbol{r}\times d\boldsymbol{r}}{r^3} \quad (\boldsymbol{r}=\overrightarrow{\mathrm{PQ}},\ r=|\boldsymbol{r}|,\ \mathrm{Q}\in C).$$

（ビオ・サバールの法則）

定理 1. つぎの等式がなりたつ:

$$\operatorname{div} \boldsymbol{H}_{\mathrm{P}} = 0 \qquad (\mathrm{P} \notin C).$$

証明 ベクトル場: $\boldsymbol{A}=\boldsymbol{A}_{\mathrm{P}}$ を，つぎの式によって定義する:

$$(6)\qquad \boldsymbol{A}_{\mathrm{P}} \equiv \frac{I}{4\pi}\int_C \frac{d\boldsymbol{r}}{r}.$$

そのとき,

$$\boldsymbol{H}_{\mathrm{P}} = \operatorname{rot} \boldsymbol{A}_{\mathrm{P}} \qquad (\mathrm{P} \notin C).$$

がなりたつことを証明すれば，div rot の公式（58 ページ）によって,

$$\operatorname{div} \boldsymbol{H} = \operatorname{div} \operatorname{rot} \boldsymbol{A} = 0$$

がなりたつから，定理が証明される.

$\boldsymbol{t}=t_1\boldsymbol{i}+t_2\boldsymbol{j}+t_3\boldsymbol{k}$ を点 $\mathrm{Q}\in C$ における単位接線ベクトル，s を曲線 C の弧長パラメターとし，$\mathrm{P}=\mathrm{P}(x, y, z)$，$\mathrm{Q}=\mathrm{Q}(\xi, \eta, \zeta)$ とする（図 2）． そのとき,

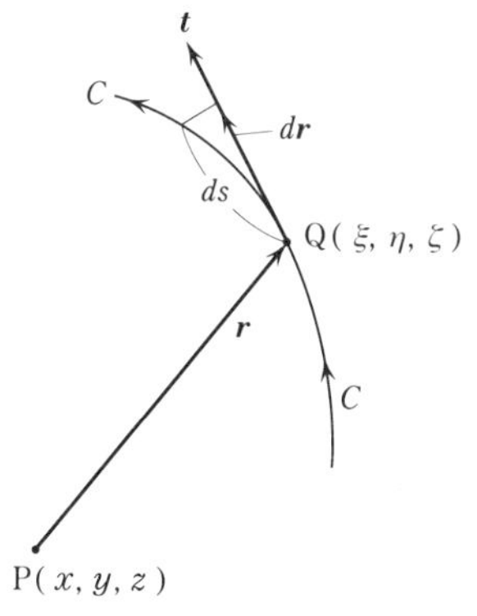

図 2: 点 $\mathrm{Q}\in C$ における単位接線ベクトルを $\boldsymbol{t}$ とし，s を曲線 C の弧長パラメターとすれば，$d\boldsymbol{r}=\boldsymbol{t}\,ds$ とあらわせる.

（7）　$$\mathrm{rot}\ \boldsymbol{A} = \frac{I}{4\pi}\,\mathrm{rot}\int_c \frac{d\boldsymbol{r}}{r} = \frac{I}{4\pi}\int_c \mathrm{rot}\ \frac{\boldsymbol{t}}{r}\, ds.$$

ここで,

$$\mathrm{rot}\ \frac{\boldsymbol{t}}{r} = \mathrm{rot}\left(\frac{t_1}{r}\boldsymbol{i} + \frac{t_2}{r}\boldsymbol{j} + \frac{t_3}{r}\boldsymbol{k}\right) = *$$

を計算しよう！

$$r^2 = (x-\xi)^2 + (y-\eta)^2 + (z-\zeta)^2$$

に注意すれば, **§9 の 例**（47ページ）と同様にして,

$$\frac{\partial}{\partial x}\left(\frac{1}{r}\right) = -\frac{x-\xi}{r^3},\quad \frac{\partial}{\partial y}\left(\frac{1}{r}\right) = -\frac{y-\eta}{r^3},\quad \frac{\partial}{\partial z}\left(\frac{1}{r}\right) = -\frac{z-\zeta}{r^3}.$$

したがって,

$$\begin{aligned} * &= -\frac{1}{r^3}\Big[\ \{t_3(y-\eta) - t_2(z-\zeta)\}\boldsymbol{i} \\ &\qquad + \{t_1(z-\zeta) - t_3(x-\xi)\}\boldsymbol{j} \\ &\qquad + \{t_2(x-\xi) - t_1(y-\eta)\}\boldsymbol{k}\Big] \\ &= \frac{1}{r^3}\{(\xi-x)\boldsymbol{i} + (\eta-y)\boldsymbol{j} + (\zeta-z)\boldsymbol{k}\} \\ &\qquad \times (t_1\boldsymbol{i} + t_2\boldsymbol{j} + t_3\boldsymbol{k}) \\ &= \frac{1}{r^3}\boldsymbol{r}\times\boldsymbol{t} \end{aligned}$$

（8）　$$\therefore \qquad \mathrm{rot}\ \frac{\boldsymbol{t}}{r} = \frac{1}{r^3}\boldsymbol{r}\times\boldsymbol{t}.$$

（7）,（8）,（5）の 3 式によって,

$$\begin{aligned} \mathrm{rot}\ \boldsymbol{A} &= \frac{I}{4\pi}\int_c \frac{1}{r^3}\boldsymbol{r}\times\boldsymbol{t}\ ds \\ &= \frac{I}{4\pi}\int_c \frac{1}{r^3}\boldsymbol{r}\times d\boldsymbol{r} = \boldsymbol{H}. \end{aligned}$$　　（証明終）

問 1.　**静電場のガウスの定理** において,

（1）電場 $\boldsymbol{E}$ に対して,　$\mathrm{rot}\ \boldsymbol{E} = \boldsymbol{0}$ であることを証明せよ.

（2）電場 $\boldsymbol{E}$ のポテンシャル（電位）f を求めよ.

（3）**ガウスの発散定理** を利用して, 電場 $\boldsymbol{E}$ とそのポテンシャル f に対して,

$$\iint_S \boldsymbol{E}\cdot\boldsymbol{n}\ dS = -\iiint_V \Delta f\ dV$$

がなりたつことを証明せよ.

問 2. **ビオ・サバールの法則**において，電流が流れる曲線 C が，原点 O をふくむ xy-平面にあって，O を中心とする半径 a の円周の反時計方向の曲線であるとする． そのとき，原点 O から h の距離にある z-軸上の点 P における磁場 $\boldsymbol{H}_{\mathrm{P}}$ を求めよ．

問 3. 真空内での電磁場の **マックスウェルの方程式** は，

$$(\ast)\qquad \begin{cases} c\ \mathrm{rot}\ \boldsymbol{E} = -\dfrac{\partial \boldsymbol{H}}{\partial t}, \quad c\ \mathrm{rot}\ \boldsymbol{H} = \dfrac{\partial \boldsymbol{E}}{\partial t}, \\ \mathrm{div}\ \boldsymbol{E} = 0, \quad \mathrm{div}\ \boldsymbol{H} = 0 \end{cases}$$

によってあたえられる; ここに，$\boldsymbol{E}$ は電界の強さ，$\boldsymbol{H}$ は磁界の強さで，ともに，時刻とともに変わるベクトル場であり，c は光の速さである．

$\boldsymbol{E}$ と $\boldsymbol{H}$ は，ともに，つぎの波動方程式をみたすことを証明せよ:

$$(\ast\ast)\qquad c^2 \nabla^2 \boldsymbol{u} = \frac{\partial^2 \boldsymbol{u}}{\partial t^2}.$$

問 4. $\boldsymbol{u} = \boldsymbol{u}(x,\ y,\ z,\ t)$ を，波動方程式 $(\ast\ast)$ の解とするとき，

$$(\ast\ast\ast)\qquad \boldsymbol{E} = \mathrm{rot}\ \mathrm{rot}\ \boldsymbol{u}, \quad \boldsymbol{H} = \frac{1}{c}\ \mathrm{rot}\ \frac{\partial \boldsymbol{u}}{\partial t}$$

は，方程式 $(\ast)$ の解であることを証明せよ．

問 5. 方程式 $(\ast)$ をみたす $\boldsymbol{E}$，$\boldsymbol{H}$ は，任意の区分的に滑らかな閉曲面 S によってかこまれた領域 V に対して，つぎの等式をみたすことを，**ガウスの発散定理**（ 72 ページ ）を利用して証明せよ:

$$\frac{1}{2c}\ \frac{d}{dt} \iiint_V (\boldsymbol{E}\cdot\boldsymbol{E} + \boldsymbol{H}\cdot\boldsymbol{H})\ dV = -\iint_S (\boldsymbol{E}\times\boldsymbol{H})\cdot\boldsymbol{n}\ dS.$$

問題の答

1 ベクトル

§1. ベクトルとその演算 (p. 7)

問 1. [ヒント: 図 1 を参照すれば，$\overrightarrow{AP} = t(\boldsymbol{b} - \boldsymbol{a})$.
$\therefore \quad \boldsymbol{p} = \boldsymbol{a} + t(\boldsymbol{b} - \boldsymbol{a})$.]

問 2. [ヒント: $\boldsymbol{p} = \boldsymbol{a} + \overrightarrow{AP}$. 図 2 から，$\overrightarrow{AP} = s(\boldsymbol{b} - \boldsymbol{a}) + t(\boldsymbol{c} - \boldsymbol{a})$ $(-\infty < s < \infty,\ -\infty < t < \infty)$. $r = 1 - s - t$ とおく.]

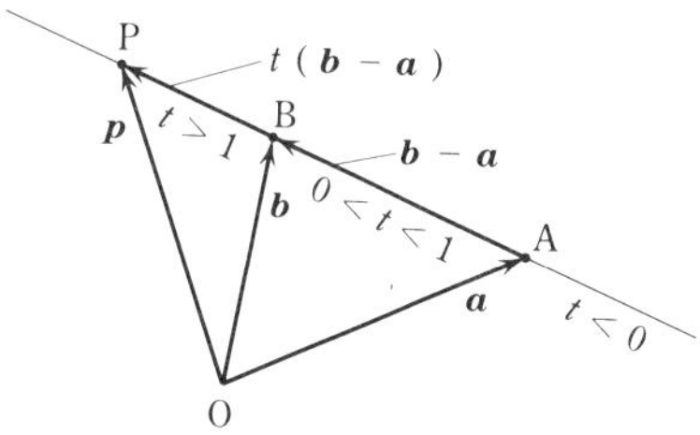

図 1: $\boldsymbol{p} = \boldsymbol{a} + t(\boldsymbol{b} - \boldsymbol{a})$.

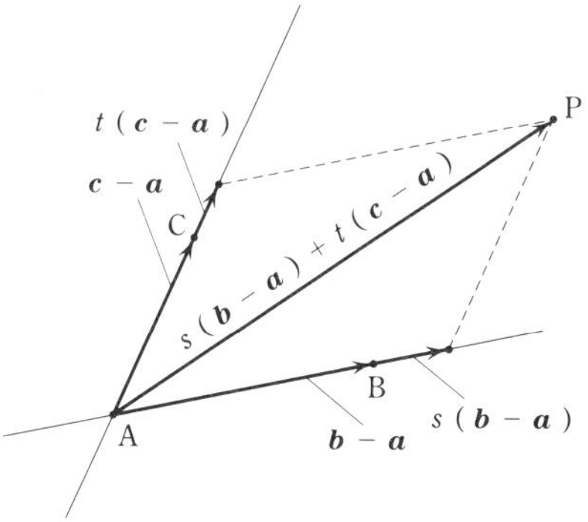

図 2: $\overrightarrow{AP} = s(\boldsymbol{b} - \boldsymbol{a}) + t(\boldsymbol{c} - \boldsymbol{a})$.

§2. ベクトルの内積 (p. 11 ～ p. 12)

問 1. (1) [ヒント: $|\boldsymbol{a} + \boldsymbol{b}|^2 = |\boldsymbol{a}|^2 + 2\,\boldsymbol{a}\cdot\boldsymbol{b} + |\boldsymbol{b}|^2$.] $\quad -8$.
(2) [ヒント: $|\boldsymbol{a} - \boldsymbol{b}|^2 = |\boldsymbol{a}|^2 - 2\,\boldsymbol{a}\cdot\boldsymbol{b} + |\boldsymbol{b}|^2$.] $\quad 6$.

問 2. [ヒント: 定理 4.] (1) $\dfrac{\pi}{3}$. (2) $\dfrac{2}{3}\pi$.

問 3. [ヒント: 求めるベクトルを $\boldsymbol{x} = (x, y, z)$ とおいて，内積の成分表示によるベクトルの直交条件 (10 ページ) を利用せよ.]

$$\left(\frac{1}{\sqrt{5}},\ -\frac{\sqrt{3}}{\sqrt{5}},\ -\frac{1}{\sqrt{5}}\right),\quad \left(-\frac{1}{\sqrt{5}},\ \frac{\sqrt{3}}{\sqrt{5}},\ \frac{1}{\sqrt{5}}\right).$$

問 4. （1） $-\dfrac{1}{3}$.

（2） ［ヒント：（6）式を利用せよ.］ $5\sqrt{2}$.

問 5. （1） ［ヒント：任意の $\boldsymbol{x}$ に対して，つねに，$(\boldsymbol{x}-\boldsymbol{x}_0)\perp\boldsymbol{a}$ であることが条件．この条件を定理 1 を利用して，内積であらわせばよい.］

（2） $a(x-x_0)+b(y-y_0)+c(z-z_0)=0$.

§ 3. ベクトルの外積 （p. 18 ～ p. 19）

問 1. ［ヒント：$(\boldsymbol{b}+\boldsymbol{c})\times\boldsymbol{a}=-\boldsymbol{a}\times(\boldsymbol{b}+\boldsymbol{c})$, $\boldsymbol{b}\times\boldsymbol{a}=-\boldsymbol{a}\times\boldsymbol{b}$, $\boldsymbol{c}\times\boldsymbol{a}=-\boldsymbol{a}\times\boldsymbol{c}$ に注意して，定理 1 の（iv）を利用せよ.］

問 2. （1） $8\boldsymbol{i}+11\boldsymbol{j}-2\boldsymbol{k}$. （2） $-3\boldsymbol{i}-10\boldsymbol{j}-4\boldsymbol{k}$.

（3） $-13\boldsymbol{i}-7\boldsymbol{j}+5\boldsymbol{k}$.

問 3. （1） $\boldsymbol{e}=\dfrac{1}{7}(-3\boldsymbol{i}+2\boldsymbol{j}-6\boldsymbol{k})$.

（2） $\boldsymbol{e}=\dfrac{1}{\sqrt{3}}(\boldsymbol{i}+\boldsymbol{j}+\boldsymbol{k})$.

（3） $\boldsymbol{e}=\dfrac{1}{\sqrt{83}}(3\boldsymbol{i}+5\boldsymbol{j}+7\boldsymbol{k})$.

問 4. （1） 1. （2） $3\sqrt{3}$. （3） $7\sqrt{10}$.

2 ベクトルの微分

§ 4. ベクトルの微分 （p. 27 ～ p. 28）

問 1.

（1） $\boldsymbol{j}+2t\boldsymbol{k}$, $\sqrt{4t^2+1}$, $2\boldsymbol{k}$, 2.

（2） $\boldsymbol{i}+2t\boldsymbol{j}+3t^2\boldsymbol{k}$, $\sqrt{9t^4+4t^2+1}$, $2\boldsymbol{j}+6t\boldsymbol{k}$, $\sqrt{36t^2+4}$.

（3） $-\sin t\cdot\boldsymbol{i}+\cos t\cdot\boldsymbol{j}$, 1, $-\cos t\cdot\boldsymbol{i}-\sin t\cdot\boldsymbol{j}$, 1.

（4） $-\sin t\cdot\boldsymbol{i}+\cos t\cdot\boldsymbol{j}+\boldsymbol{k}$, $\sqrt{2}$, $-\cos t\cdot\boldsymbol{i}-\sin t\cdot\boldsymbol{j}$, 1.

（5） $e^t\boldsymbol{i}-e^{-t}\boldsymbol{j}$, $\sqrt{e^{2t}+e^{-2t}}$, $e^t\boldsymbol{i}+e^{-t}\boldsymbol{j}$, $\sqrt{e^{2t}+e^{-2t}}$.

（6） $\sinh t\cdot\boldsymbol{i}+\cosh t\cdot\boldsymbol{j}+k$, $\sqrt{2}\,|\cosh t|$, $\cosh t\cdot\boldsymbol{i}+\sinh t\cdot\boldsymbol{j}$, $\sqrt{\cosh^2 t+\sinh^2 t}$.

（7） $-2\sin t\cdot\boldsymbol{i}+2\cos t\cdot\boldsymbol{j}-2te^{-t^2}\boldsymbol{k}$, $2\sqrt{1+t^2e^{-t^4}}$,
$-2\cos t\cdot\boldsymbol{i}-2\sin t\cdot\boldsymbol{j}-2e^{-t^2}(1-2t^2)\boldsymbol{k}$,
$2\sqrt{1-e^{-t^4}(1-2t^2)^2}$.

問 2.

（1） $5t^4$, $3t^2\boldsymbol{i}-2t\boldsymbol{j}+4t^3\boldsymbol{k}$.

（2） $4t^3+3t^2$, $(5t^4-2t)\boldsymbol{i}+\boldsymbol{j}-2t\boldsymbol{k}$.

（3） 0, 0.

（4） $(1-t)e^{-t}$, $t(2-t)e^{-t}\boldsymbol{i}-t(t+2)e^t\boldsymbol{j}+(t+1)e^t\boldsymbol{k}$.

問 3.

(1) $\dot{\boldsymbol{r}}(t) = \boldsymbol{i} + 2t\boldsymbol{j} + 3t^2\boldsymbol{k}$,　$x-1 = \dfrac{y-1}{2} = \dfrac{z-1}{3}$.

(2) $\dot{\boldsymbol{r}}(t) = -\sin t\cdot\boldsymbol{i} + \cos t\cdot\boldsymbol{j} + \boldsymbol{k}$,　$y = 1$,　$x = \dfrac{\pi}{2} - z$.

(3) $\dot{\boldsymbol{r}}(t) = 2e^{2t}\boldsymbol{i} - 2e^{-2t}\boldsymbol{j} + \boldsymbol{k}$,　$\dfrac{z-1}{2} = -\dfrac{y-1}{2} = z$.

問 4. ［ヒント: $\boldsymbol{t} = \dfrac{\boldsymbol{c}}{|\boldsymbol{c}|}$ $(\boldsymbol{c} = (a, b, c))$ をみちびき，(12)式を利用.］

問 5. ［ヒント: $s = at$, $\boldsymbol{t}' = \ddot{\boldsymbol{r}}\cdot\dfrac{1}{a^2}$ に注意し，(12)式を利用.］

問 6. ［ヒント: $\dot{\boldsymbol{r}} = \boldsymbol{r}'\dot{s}$, $\ddot{\boldsymbol{r}} = \boldsymbol{r}''\dot{s}^2 + \boldsymbol{r}'\ddot{s}$, $\dddot{\boldsymbol{r}} = \boldsymbol{r}'''\dot{s}^3 + 3\boldsymbol{r}''\dot{s}\ddot{s} + \boldsymbol{r}'\dddot{s}$, $|\dot{\boldsymbol{r}}| = \dot{s}$, $\boldsymbol{r}' = \boldsymbol{t}$, $\boldsymbol{r}'' = \boldsymbol{t}' = \kappa\boldsymbol{n}$, $\boldsymbol{r}''' = \kappa\boldsymbol{n}' + \kappa'\boldsymbol{n} = -\kappa^2\boldsymbol{t} + \kappa\tau\boldsymbol{b} + \kappa'\boldsymbol{n}$ をみちびき，§3 の(2)(13ページ)と§3 の(10)(18ページ)を利用せよ.］

問 7. $\dfrac{ab}{\sqrt{(a^2\sin^2 t + b^2\cos^2 t)^3}}$.

問 8. $\boldsymbol{k}$ が Π の単位法線ベクトルであるように座標系 $(\mathrm{O}, \boldsymbol{i}, \boldsymbol{j}, \boldsymbol{k})$ をえらべば，C: $\boldsymbol{r}(s) = x(s)\boldsymbol{i} + y(s)\boldsymbol{j}$ とあらわせる. そのとき，$\boldsymbol{t} = \boldsymbol{r}' = x'(s)\boldsymbol{i} + y'(s)\boldsymbol{j}$, $\boldsymbol{r}'' = \boldsymbol{t}' = \kappa\boldsymbol{n} = x''(s)\boldsymbol{i} + y''(s)\boldsymbol{j}$. ゆえに，$\boldsymbol{t}, \boldsymbol{n}$ は Π にふくまれ，$\boldsymbol{b}$ は Π に垂直である. さらに，$\boldsymbol{r}''' = x'''(s)\boldsymbol{i} + y'''(s)\boldsymbol{j}$ であるから，$|\boldsymbol{r}' \ \boldsymbol{r}'' \ \boldsymbol{r}'''| = 0$ (∵ 行列式の3行目の要素の値は，全部0). ∴ $|\dot{\boldsymbol{r}} \ \ddot{\boldsymbol{r}} \ \dddot{\boldsymbol{r}}| = 0$. したがって，問6の第2式によって，$\tau = 0$.

§5. ベクトルの偏微分 (p. 30 ～ p. 32)

問 1. (1) $\boldsymbol{i}$,　$\boldsymbol{j}$.

(2) $2u\boldsymbol{i} + 2v\boldsymbol{j}$,　$-2v\boldsymbol{i} + 2u\boldsymbol{j}$.

(3) $\boldsymbol{i} + 2u\boldsymbol{k}$,　$\boldsymbol{j} + 2v\boldsymbol{k}$.

(4) $\boldsymbol{i} + \dfrac{u}{\sqrt{u^2+v^2}}\boldsymbol{k}$,　$\boldsymbol{j} + \dfrac{v}{\sqrt{u^2+v^2}}\boldsymbol{k}$.

(5) $2u\boldsymbol{i} + 2v\boldsymbol{k}$,　$2v\boldsymbol{j} + 2u\boldsymbol{k}$.

問 2. (1) $z = 0$.　(2) $z = 0$.

(3) $x^2 + y^2 = 1$.　(4) $z = xy$.

(5) $z = x + y$.　(6) $z = \sqrt{x^2 + y^2}$.

(7) $z = x^2 + y^2$.　(8) $\dfrac{x^2}{a^2} + \dfrac{y^2}{b^2} + \dfrac{z^2}{c^2} = 1$.

(9) $z = \dfrac{x^2}{a^2} - \dfrac{y^2}{b^2}$.　(10) $\dfrac{x^2}{a^2} + \dfrac{y^2}{b^2} - \dfrac{z^2}{c^2} = 0$.

問 3. (1) $\boldsymbol{r} = u\boldsymbol{i} + v\boldsymbol{j}$.

(2) $\boldsymbol{r} = u\boldsymbol{i} + v\boldsymbol{j} + (1-u-v)\boldsymbol{k}$.

(3) $\boldsymbol{r} = a\cos u\cdot\boldsymbol{i} + a\sin u\cdot\boldsymbol{j} + v\boldsymbol{k}$.

(4) $\boldsymbol{r} = 2\cos u\cdot\boldsymbol{i} + 3\sin u\cdot\boldsymbol{j} + v\boldsymbol{k}$.

(5) $\boldsymbol{r} = u\cos v\cdot\boldsymbol{i} + u\sin v\cdot\boldsymbol{j} + u\boldsymbol{k}$.

(6) $\boldsymbol{r} = \cos u\cos v\cdot\boldsymbol{i} + \sin u\cos v\cdot\boldsymbol{j} + \sin v\cdot\boldsymbol{k}$.

(7) $\boldsymbol{r} = u\cos v\cdot\boldsymbol{i} + u\sin v\cdot\boldsymbol{j} + u^2\boldsymbol{k}$.

(8) $\boldsymbol{r} = a\cos v\cos u\cdot\boldsymbol{i} + b\cos v\sin u\cdot\boldsymbol{j} + c\sin v\cdot\boldsymbol{k}$.

(9) $\boldsymbol{r} = au\cosh v\cdot\boldsymbol{i} + bu\sinh v\cdot\boldsymbol{j} + u^2\boldsymbol{k}$.

(10) $\boldsymbol{r} = a\sinh u\cos v\cdot\boldsymbol{i} + b\sinh u\sin v\cdot\boldsymbol{j} + c\cosh u\cdot\boldsymbol{k}$.

問 4. [ヒント: $\boldsymbol{r}(u, v) = \overrightarrow{\mathrm{OQ}}$ とするとき, $\boldsymbol{r}_u\times\boldsymbol{r}_v$ は, Q における接平面の法線ベクトル. $\boldsymbol{r}_u\times\boldsymbol{r}_v \perp \{\boldsymbol{r}_{\mathrm{P}} - \boldsymbol{r}(u, v)\}$ が条件.]

問 5. (1) $\boldsymbol{r}_u = \cos v\cdot\boldsymbol{i} + \sin v\cdot\boldsymbol{j} + 2u\boldsymbol{k}$,

$\boldsymbol{r}_v = -u\sin v\cdot\boldsymbol{i} + u\cos v\cdot j$.

$$\therefore \quad \boldsymbol{r}_u\times\boldsymbol{r}_v = -2u^2\cos v\cdot\boldsymbol{i} - 2u^2\sin v\cdot\boldsymbol{j} + u\boldsymbol{k}.$$

$$x = u\cos v = 1, \quad y = u\sin v = 0, \quad z = u^2 = 1$$

から, $u = 1$, $v = 0$. そのとき,

$$\boldsymbol{r}_u\times\boldsymbol{r}_v = -2\boldsymbol{i} - 0\boldsymbol{j} + 1\boldsymbol{k}.$$

したがって, 問 4 によって,

$$(-2\boldsymbol{i} + \boldsymbol{k})\{(x-1)\boldsymbol{i} + y\boldsymbol{j} + (z-1)\boldsymbol{k}\}$$
$$= -2(x-1) + (z-1) = 0.$$

したがって, 求める接平面の方程式は, $2x - z = 1$.

(2) $x + \sqrt{3}\,y = 2$. (3) $x + y + z = 1$.

(4) $x + y - z = 1$. (5) $x - z = 0$.

(6) $b\cos\alpha\cdot x + a\sin\alpha\cdot y = ab$. (7) $x - a = 0$.

3 ベクトルの積分

§ 6. ベクトルの積分 (p. 35)

問 1. [ヒント: $\boldsymbol{b}(t)$ を $\dot{\boldsymbol{b}}(t)$ とみなして, 定理 2 を利用せよ.]

(1) $\displaystyle\int_0^\pi (\boldsymbol{i} + 2t\boldsymbol{j})\cdot(\cos t\cdot\boldsymbol{i} + \sin t\cdot\boldsymbol{j})\,dt$

$$= \Big[(\boldsymbol{i} + 2t\boldsymbol{j})\cdot(\sin t\cdot\boldsymbol{i} - \cos t\cdot\boldsymbol{j})\Big]_0^\pi - \int_0^\pi 2\boldsymbol{j}\cdot(\sin t\cdot\boldsymbol{i} - \cos t\cdot\boldsymbol{j})\,dt$$

$$= \Big[\sin t - 2t\cos t\Big]_0^\pi + 2\int_0^\pi \cos t\,dt = 2\pi,$$

$\displaystyle\int_0^\pi (\boldsymbol{i} + 2t\boldsymbol{j})\times(\cos t\cdot\boldsymbol{i} + \sin t\cdot\boldsymbol{j})\,dt$

$$= \Big[(\boldsymbol{i} + 2t\boldsymbol{j})\times(\sin t\cdot\boldsymbol{i} - \cos t\cdot\boldsymbol{j})\Big]_0^\pi - \int_0^\pi 2\boldsymbol{j}\times(\sin t\cdot\boldsymbol{i} - \cos t\cdot j)\,dt$$

$$= \Big[-(\cos t + 2t \sin t)\boldsymbol{k} \Big]_0^{\pi} - \int_0^{\pi} (-2\sin t)\boldsymbol{k}\, dt = 6\boldsymbol{k}.$$

(2) $1 - \dfrac{1}{e}$,　$2\left(\dfrac{2}{e} - 1\right)\boldsymbol{i} + 2\boldsymbol{j} - (e-1)\boldsymbol{k}$.

問 2. $\boldsymbol{c}_1$, $\boldsymbol{c}_2$ は任意定数ベクトル.

(1) $\boldsymbol{a} = \boldsymbol{c}t + \boldsymbol{c}_1$.　(2) $\boldsymbol{a} = \boldsymbol{c}_1 t + \boldsymbol{c}_2$.

(3) $\boldsymbol{a} = \dfrac{1}{2}\boldsymbol{c}t^2 + \boldsymbol{c}_1 t + \boldsymbol{c}_2$.　(4) $\boldsymbol{a} = \boldsymbol{c}_1 e^t$.

(5) $\boldsymbol{a} = \boldsymbol{c}_1 e^{kt} + \boldsymbol{c}_2 e^{-kt}$.　(6) $\boldsymbol{a} = \dfrac{\boldsymbol{c}}{k} + \boldsymbol{c}_1 e^{-kt}$.

§ 7. 線積分 (p. 38)

問. [ヒント: 曲線のパラメター表示を $\boldsymbol{r}(t) \equiv (x(t), y(t), z(t))$ $(\alpha \leqq t \leqq \beta)$ とすれば, 求める仕事は,

$$\int_{\alpha}^{\beta} \{z(t)\dot{x}(t) - x(t)\dot{y}(t) + y(t)\dot{z}(t)\}\, dt.\ ]$$

(1) 3 つの線分からなる路を, 順番に, C_1, C_2, C_3 とすれば,

C_1 上では, $x(t) = t$, $y(t) = 0$, $z(t) = 0$　$(0 \leqq t \leqq 1)$;

C_2 上では, $x(t) = 1$, $y(t) = t-1$, $z(t) = 0$　$(1 \leqq t \leqq 2)$;

C_3 上では, $x(t) = 1$, $y(t) = 1$, $z(t) = t-2$　$(2 \leqq t \leqq 3)$

とあらわせるから,

$$\int_0^3 \{z(t)\dot{x}(t) - x(t)\dot{y}(t) + y(t)\dot{z}(t)\}\, dt$$
$$= \int_0^1 \{0\cdot 1 - t\cdot 0 + 0\cdot 0\}\, dt + \int_1^2 \{0\cdot 0 - 1\cdot 1 + (t-1)\cdot 0\}\, dt$$
$$+ \int_2^3 \{(t-2)\cdot 0 - 1\cdot 0 + 1\cdot 1\}\, dt$$
$$= 0 - \Big[\, t \,\Big]_1^2 + \Big[\, t \,\Big]_2^3 = 0.$$

(2) $\dfrac{1}{2}$.　(3) $\dfrac{1}{2}$.

(4) [ヒント: $x = t$, $y = t$, $z = t^2$.]　$\dfrac{1}{2}$.

(5) [ヒント: $x = t$, $y = t$, $z = \dfrac{1}{2}(t^2 + t^2)$.]　$\dfrac{1}{2}$.

(6) [ヒント: $x = t$, $y = t^2$, $z = \dfrac{1}{2}(t^2 + t^4)$.]　$\dfrac{11}{60}$.

§ 8. 面積分 (p. 43)

問 1. (1) $\boldsymbol{r}_u = -\sin u \cos v \cdot \boldsymbol{i} + \cos u \cos v \cdot \boldsymbol{j}$,

$\boldsymbol{r}_v = -\cos u \sin v \cdot \boldsymbol{i} - \sin u \sin v \cdot \boldsymbol{j} + \cos v \cdot \boldsymbol{k}$.

ゆえに,

$$E = \boldsymbol{r}_u \cdot \boldsymbol{r}_u = \sin^2 u \cos^2 v + \cos^2 u \cos^2 v = \cos^2 v,$$
$$F = \boldsymbol{r}_u \cdot \boldsymbol{r}_v = \sin u \cos u \sin v \cos v - \sin u \cos u \sin v \cos v = 0,$$
$$G = \boldsymbol{r}_v \cdot \boldsymbol{r}_v = \cos^2 u \sin^2 v + \sin^2 u \sin^2 v + \cos^2 v = 1.$$
$$\therefore \qquad EG - F^2 = \cos^2 v.$$

したがって. (8)式によって,

$$S = \iint_D \sqrt{EG - F^2}\, du\, dv = \int_0^{2\pi} du \int_{-\frac{\pi}{2}}^{\frac{\pi}{2}} \cos v\, dv = 4\pi.$$

(2) $\dfrac{\sqrt{3}}{2}$. (3) $2\pi ac$. (4) $\sqrt{2}\,\pi$. (5) $\dfrac{\pi}{6}(5\sqrt{5}-1)$.

問 2. [ヒント: $\boldsymbol{a} = x(u, v)\boldsymbol{i} + y(u, v)\boldsymbol{j} + \boldsymbol{k}$.]

(1) $\dfrac{8}{3}\pi$. (2) $\dfrac{5}{6}$. (3) $2\pi a^2 c$. (4) $\dfrac{\pi}{3}$. (5) 0.

4 勾配・発散・回転

§ 9. 勾　配 (p. 48 ～ p. 49)

問 1. k は正の実定数.

(1) 等位面群: $r = k$, 　grad $f = (2x, 2y, 2z)$.

(2) 等位面群: $ax + by + cz = k$, 　grad $f = (a, b, c)$.

(3) 等位面群: $\dfrac{x^2}{a^2} + \dfrac{y^2}{b^2} + \dfrac{z^2}{c^2} = k$, 　grad $f = \left(\dfrac{2x}{a^2}, \dfrac{2y}{b^2}, \dfrac{2z}{c^2}\right)$.

(4) 等位面群: $r = k$, 　grad $f = 2nr^{2n-2}(x, y, z)$.

問 2. $\left[\text{ヒント: } f_x = \dfrac{y}{x^2+y^2},\ f_y = -\dfrac{x}{x^2+y^2},\ f_z = 0 \text{ を解け.}\right]$

$f = -\tan^{-1}\dfrac{y}{x} + k$; ここで, $v = \tan^{-1} u$ は $u = \tan v$ の逆関数で多価関数(いわゆる, 主値ではない!), k は定数.

問 3. $\displaystyle\int_{(0,0,0)}^{(1,1,1)} \boldsymbol{F} \cdot d\boldsymbol{r}$

$$= \int_0^1 \{(2t^5 + t^5)\cdot 1 + (2t^4 + 2t^8 + t^4)\cdot 2t + (2t^7 + t^3)\cdot 3t^2\}\, dt$$
$$= \int_0^1 (12t^5 + 10t^9)\, dt = 3.$$

$\boldsymbol{F}$ のポテンシャルは, $U = -(x^2y^2 + y^2z^2 + xyz) + \text{const.}$.

§ 10. 発　散 (p. 51)

問. (1) 3. (2) 0. (3) $2(x+y+z)$.

(4) $5r^2$. (5) $\dfrac{2}{r}$. (6) $\dfrac{1}{r^2}$.

§ 11. 回　転 (p. 56)

問 1. (1) $\mathbf{0}$.　(2) $\boldsymbol{i}+\boldsymbol{j}+\boldsymbol{k}$.
(3) $-2(z\boldsymbol{i}+x\boldsymbol{j}+y\boldsymbol{k})$.　(4) $2(a\boldsymbol{i}+b\boldsymbol{j}+c\boldsymbol{k})$.
(5) $\mathbf{0}$.　(6) $\mathbf{0}$.

問 2. (1) $\mathrm{rot}\,\boldsymbol{a}=(f_y-x^2)\boldsymbol{i}+(2xy-f_x)\boldsymbol{j}+(2xz-2xz)\boldsymbol{k}$.
$\mathrm{rot}\,\boldsymbol{a}=\mathbf{0}$ であるためには, $f_x=2xy$, $f_y=x^2$.　したがって, $f\equiv x^2y$ とえらべばよい.　そのとき,

$$U=-\left\{\int_{x_0}^{x}2y_0z_0\xi\,d\xi+\int_{y_0}^{y}x^2z_0\,d\eta+\int_{z_0}^{z}x^2y\,d\zeta\right\}$$
$$=-\left\{\Big[y_0z_0\xi^2\Big]_{x_0}^{x}+\Big[x^2z_0\eta\Big]_{y_0}^{y}+\Big[x^2y\zeta\Big]_{z_0}^{z}\right\}$$
$$=-x^2yz+x_0{}^2y_0z_0.$$

ゆえに, $U=-x^2yz$ とえらべる.
(2) [ヒント: (1)にならえ.]
$f\equiv 0$ とえらべばよい.　$U=-e^{xy}$.

§ 12. 勾配・発散・回転の公式 (p. 62 ～ p. 63)

問 1. 定理 1 の (n) 式 ($n=1,\cdots,12$) の答を, (n)′ 式 でしめす.
(1)′ $\nabla(kf+lg)=k\nabla f+l\nabla g$.
(2)′ $\nabla\cdot(k\boldsymbol{a}+l\boldsymbol{b})=k\nabla\cdot\boldsymbol{a}+l\nabla\cdot\boldsymbol{b}$.
(3)′ $\nabla\times(k\boldsymbol{a}+l\boldsymbol{b})=k\nabla\times\boldsymbol{a}+l\nabla\times\boldsymbol{b}$.
(4)′ $\nabla(fg)=g\nabla f+f\nabla g$.
(5)′ $\nabla\cdot f\boldsymbol{a}=\nabla f\cdot\boldsymbol{a}+f\nabla\cdot\boldsymbol{a}$.
(6)′ $\nabla\times(f\boldsymbol{a})=\nabla f\times\boldsymbol{a}+f\nabla\times\boldsymbol{a}$.
(7)′ $\nabla(\boldsymbol{a}\cdot\boldsymbol{b})=\boldsymbol{a}\times(\nabla\times\boldsymbol{b})+\boldsymbol{b}\times(\nabla\times\boldsymbol{a})+(\boldsymbol{b}\cdot\nabla)\boldsymbol{a}+(\boldsymbol{a}\cdot\nabla)\boldsymbol{b}$.
(8)′ $\nabla\cdot(\boldsymbol{a}\times\boldsymbol{b})=(\nabla\times\boldsymbol{a})\cdot\boldsymbol{b}-\boldsymbol{a}\cdot(\nabla\times\boldsymbol{b})$.
(9)′ $\nabla\times(\boldsymbol{a}\times\boldsymbol{b})=(\boldsymbol{b}\cdot\nabla)\boldsymbol{a}-(\boldsymbol{a}\cdot\nabla)\boldsymbol{b}+\boldsymbol{a}(\nabla\cdot\boldsymbol{b})-\boldsymbol{b}(\nabla\cdot\boldsymbol{a})$.
(10)′ $\nabla\times\nabla f=\mathbf{0}$.
(11)′ $\nabla\cdot(\nabla\times\boldsymbol{a})=0$.
(12)′ $\nabla\times(\nabla\times\boldsymbol{a})=\nabla(\nabla\cdot\boldsymbol{a})-(\nabla\cdot\nabla)\boldsymbol{a}$.

問 2. (1) [ヒント: $\boldsymbol{a}=(a_1,a_2,a_3)$, $\boldsymbol{c}=(c_1,c_2,c_3)$ とおくとき, $a_iD_x(\boldsymbol{c}\cdot\boldsymbol{r})=a_ic_i$ ($i=1,2,3$).]
(2) [ヒント: $\boldsymbol{a}=(a_1,a_2,a_3)$ とおくとき, $r=(x^2+y^2+z^2)^{\frac{1}{2}}$ に注意して, $(\boldsymbol{a}\cdot\nabla)x\log r=a_1\log r+\dfrac{x}{r^2}(\boldsymbol{a}\cdot\boldsymbol{r})$ をみちびけ.]
(3) [ヒント: 公式 (7) で $\boldsymbol{b}=\boldsymbol{a}$ とおき, $\boldsymbol{a}\cdot\boldsymbol{a}=|\boldsymbol{a}|^2$ に注意せよ.]

問 3. [ヒント: $f=(\boldsymbol{c}\cdot\boldsymbol{r})^n=(ax+by+cz)^n$　$(\boldsymbol{c}=a\boldsymbol{i}+b\boldsymbol{j}+c\boldsymbol{k})$.]
(1) [ヒント: $f_{xx}=a^2n(n-1)(ax+by+cz)^{n-2}$, など.]

（２）［ヒント: $f_{xxyy} = a^2b^2n(n-1)(n-2)(n-3)(ax+by+cz)^{n-4}$, など.］

問 4. （１）［ヒント: rot $(\boldsymbol{r}\times\boldsymbol{e})$ に公式（９）を用いよ.］

（２）$\left[\text{ヒント: 公式（４）を用い,}\ \nabla r = \dfrac{\boldsymbol{r}}{r},\ \nabla(\boldsymbol{e}\cdot\boldsymbol{r}) = \boldsymbol{e}\ \text{をみちびけ.}\right]$

問 5. ［ヒント: 公式:（６）,（５）を利用して, $|\nabla f\times\boldsymbol{a}|^2 + |\nabla f\cdot\boldsymbol{a}|^2 = |\boldsymbol{a}|^2|\nabla f|^2$ をみちびき, $\boldsymbol{b} = \nabla f$ とおいて, §３の（２）式（13ページ）を利用せよ.］

問 6. ［ヒント: $\nabla\cdot(\boldsymbol{r}\times\nabla f) = (\nabla\times\boldsymbol{r})\cdot\nabla f - \boldsymbol{r}\cdot(\nabla\times\nabla f)$.］

問 7. （１）［ヒント: 合成関数の偏微分の公式.］

（２）［ヒント: $(\boldsymbol{a}\times\boldsymbol{r})\cdot\boldsymbol{r} = 0.\quad\because\quad \boldsymbol{a}\times\boldsymbol{r}\perp\boldsymbol{r}$.］

5 積分定理

§ 13. ストークスの定理（p. 71 ～ p. 72）

問 1. $\iint_S(\nabla\times\boldsymbol{a})\cdot d\boldsymbol{S} = \int_C\boldsymbol{a}\cdot d\boldsymbol{r}$.

問 2. ［ヒント:（11）式において, $P\equiv x$, $Q\equiv y$ とおけばよい.］

問 3. （１）［ヒント: $\boldsymbol{r} = x\boldsymbol{i}+y\boldsymbol{j}+z\boldsymbol{k}$, grad $f = f_x\boldsymbol{i}+f_y\boldsymbol{j}+f_z\boldsymbol{k}$, $\boldsymbol{n} = n_1\boldsymbol{i}+n_2\boldsymbol{j}+n_3\boldsymbol{k}$ とおいて,（＊）式を成分に分け, ストークスの定理を用いよ.］

（２）（＊）式の左辺, 右辺, ともに, つぎの式に等しい:

$$\frac{\pi a^4}{4}(c_3-c_2,\ c_1-c_3,\ c_2-c_1)\qquad (\boldsymbol{c} = (c_1,\ c_2,\ c_3)).$$

問 4. $\left[\text{ヒント: }\int_C\boldsymbol{a}\cdot d\boldsymbol{r} = \iint_S(\text{rot }\boldsymbol{a})\cdot d\boldsymbol{S} = \iint_D(\text{rot }\boldsymbol{a})\cdot(\boldsymbol{r}_u\times\boldsymbol{r}_v)\,du\,dv.\right]$

（１）rot $\boldsymbol{a} = x\boldsymbol{i}+y\boldsymbol{j}-2z\boldsymbol{k} = u\cos v\cdot\boldsymbol{i}+u\sin v\cdot\boldsymbol{j}-2u\boldsymbol{k}$.

$\boldsymbol{r}_u = \cos v\cdot\boldsymbol{i}+\sin v\cdot\boldsymbol{j}+\boldsymbol{k},\qquad \boldsymbol{r}_v = -u\sin v\cdot\boldsymbol{i}+u\cos v\cdot\boldsymbol{j}$.

$$\therefore\quad \boldsymbol{r}_u\times\boldsymbol{r}_v = -u\cos v\cdot\boldsymbol{i}-u\sin v\cdot\boldsymbol{j}+u\boldsymbol{k}.$$

$$\therefore\quad \int_C\boldsymbol{a}\cdot d\boldsymbol{r} = \iint_D(\text{rot }\boldsymbol{a})\cdot(\boldsymbol{r}_u\times\boldsymbol{r}_v)\,du\,dv = -3\int_0^1u^2\,du\int_0^{2\pi}dv = -2\pi.$$

（２）$\dfrac{3}{2}$.　（３）2.　（４）-2π.　（５）0.

§ 14. ガウスの定理（p. 77 ～ p. 78）

問 1. $\iiint_V(\nabla\cdot\boldsymbol{a})\,dV = \iint_S\boldsymbol{a}\cdot d\boldsymbol{S}$.

問 2. （１）div $\boldsymbol{a} = 1+1+2z = 2(z+1)$.

$$\therefore \quad \iint_S \boldsymbol{a}\cdot d\boldsymbol{S} = \iiint_V \mathrm{div}\ \boldsymbol{a}\ dV = 2\iiint_V (z+1)\,dx\,dy\,dz$$
$$= 2\int_0^1 (z+1)\,dz \iint_{x^2+y^2 \leqq a^2} dx\,dy = 3\pi a^2.$$

（2） 3.　（3） $\dfrac{1}{4}$.　（4） $\pi a^2 c^2$.　（5） $\dfrac{8}{3}\pi$.　（6） 0.

問 3. ［ヒント：公式（1）で，$\boldsymbol{a} = \boldsymbol{r}$ とおけ.］

問 4. （1） ［ヒント：証明すべき等式を，成分に分けて書き，公式（2）によって，$\displaystyle\iiint_V \left(\frac{\partial a_3}{\partial y} - \frac{\partial a_2}{\partial z}\right) dV = \iint_S (a_3 n_2 - a_2 n_3)\,dS$, etc. がえられることに注意すればよい.］

（2） ［ヒント：$\boldsymbol{a} = \boldsymbol{c} \times \boldsymbol{r}$ を（＊）式に代入し，$\mathrm{rot}(\boldsymbol{c} \times \boldsymbol{r})$ に外積の回転の公式（57ページ）を用いて，$\mathrm{rot}\,(\boldsymbol{c} \times \boldsymbol{r}) = 2\boldsymbol{c}$ をみちびけ.］

問 5. （1） ［ヒント：外積の発散の公式（57ページ）と rot grad の公式（58ページ）を用いて，$\mathrm{div}(\boldsymbol{a} \times \mathrm{grad}\ f) = (\mathrm{grad}\ f)\cdot \mathrm{rot}\ \boldsymbol{a}$ をみちびけ.］

（2） ［ヒント：S 上で，$(\boldsymbol{a} \times \mathrm{grad}\ f)\cdot \boldsymbol{n} = 0$ であることに注意せよ.］

問 6. （1） ［ヒント：外積の発散の公式（57ページ）を利用し，$\mathrm{rot}\ \boldsymbol{r} = \boldsymbol{0}$ に注意せよ.］

（2） ［ヒント：$\mathrm{div}(\boldsymbol{b} \times \mathrm{rot}\ \boldsymbol{a})$, $\mathrm{div}\,(\boldsymbol{a} \times \mathrm{rot}\ \boldsymbol{b})$ に，外積の発散の公式を利用せよ.］

（3） ［ヒント：$\boldsymbol{b} = (b_1, b_2, b_3)$ とおいて，

$$\iiint_V \{ b_i \mathrm{div}\ \boldsymbol{a} + (\boldsymbol{a}\cdot\mathrm{grad})\,b_i \}\,dV = \iint_S b_i\,\boldsymbol{a}\cdot d\boldsymbol{S} \qquad (i = 1, 2, 3)$$

を，$\mathrm{div}(b_i \boldsymbol{a})$ に積の発散の公式（57ページ）を用いて証明せよ.］

問 7. ［ヒント：外積の発散の公式（57ページ）を利用せよ.］

6 曲線座標系

§ 15. 直交曲線座標系 （p. 90 ～ p. 91）

問 1. ［ヒント：O-xyz 系では，$L = \displaystyle\int_\alpha^\beta \sqrt{\dot{x}^2 + \dot{y}^2 + \dot{z}^2}\,dt.$ これに，

$$\dot{x} = x_u \dot{u} + x_v \dot{v} + x_w \dot{w}, \qquad \dot{y} = y_u \dot{u} + y_v \dot{v} + y_w \dot{w},$$
$$\dot{z} = z_u \dot{u} + z_v \dot{v} + z_w \dot{w}$$

を代入し，（16）式を利用せよ.］

問 2. ［ヒント：部分積分法による，つぎの公式を利用せよ：

$$\int \sqrt{a^2x^2 + b^2}\,dx = \frac{1}{2}\left\{ x\sqrt{a^2x^2+b^2} + \frac{b^2}{a}\log\left| ax + \sqrt{a^2x^2+b^2} \right| \right\}.$$］

（1） $\left[\text{ヒント: (8)式によって},\ g_1=1,\ g_2=r,\ g_3=1\ \text{であるから},\right.$

$$\left. L=\int_0^1\sqrt{k^2+k^2l^2t^2+m^2}\,dt.\right]$$

$$\frac{1}{2}\sqrt{k^2+k^2l^2+m^2}+\frac{k^2+m^2}{2kl}\log\left(kl+\sqrt{k^2+k^2l^2+m^2}\right)$$
$$-\frac{k^2+m^2}{4kl}\log(k^2+m^2).$$

（2） $\left[\text{ヒント: (11)式によって},\ g_1=1,\ g_2=r,\ g_3=r\sin\theta\ \text{であるから},\right.$

$$\left. L=\int_0^1\sqrt{k^2+k^2l^2t^2}\,dt.\right]$$

$$\frac{k}{2}\sqrt{l^2+1}+\frac{k}{2l}\log\left(l+\sqrt{l^2+1}\right).$$

（3） $\left[\text{ヒント: (2)のヒント参照.}\quad L=\int_0^1\sqrt{k^2+(k^2m^2\sin^2\alpha)t^2}\,dt.\right]$

$$\frac{k}{2}\left\{\sqrt{m^2\sin^2\alpha+1}+\frac{1}{m\sin\alpha}\log\left(m\sin\alpha+\sqrt{m^2\sin^2\alpha+1}\right)\right\}.$$

問 3. 領域 D に対応する，O-xyz 系の領域を G とすれば，

$$V=\iiint_G dx\,dy\,dz=\iiint_D\frac{\partial(x,y,z)}{\partial(u,v,w)}\,du\,dv\,dw.$$

ここで，(16)，(18)，(21) の 3 式によって，(18) 式と同じ記号を用いれば，

$$\left\{\frac{\partial(x,y,z)}{\partial(u,v,w)}\right\}^2=|B|^2=|B||B^T|=|BB^T|$$
$$=\begin{vmatrix} {g_1}^2 & 0 & 0 \\ 0 & {g_2}^2 & 0 \\ 0 & 0 & {g_3}^2 \end{vmatrix}.$$

問 4. [ヒント: (8)式によって，$g_1=1$，$g_2=r$，$g_3=1$.]

（1） πa^2h.　　（2） $\pi(b^2-a^2)h$.　　（3） $\dfrac{3\pi}{32}$.

問 5. [ヒント: (11)式によって，$g_1=1$，$g_2=r$，$g_3=r\sin\theta$.]

（1） $\dfrac{4}{3}\pi a^3$.　　（2） $\dfrac{4}{3}\pi(a^3-b^3)$.　　（3） $\dfrac{\pi}{3}$.

§ 16. 曲線座標系におけるベクトルの成分 （p. 98 ～ p. 99）

問 1. （1） $\left(\dfrac{5-\sqrt{2}}{2},\ \dfrac{5-\sqrt{2}}{2},\ \dfrac{1}{\sqrt{2}}\right)$.

（2）$\left(\dfrac{8+3\sqrt{3}}{4},\ \dfrac{3}{4},\ \dfrac{3\sqrt{3}-2}{2}\right)$.

問 2.

$$\boldsymbol{e} = \cos\theta\cdot\boldsymbol{i}+\sin\theta\cdot\boldsymbol{j},\qquad \boldsymbol{f} = -\sin\theta\cdot\boldsymbol{i}+\cos\theta\cdot\boldsymbol{j},\qquad \boldsymbol{g} = \boldsymbol{k}.$$

$$a_1 = \tilde{a}_1\cos\theta-\tilde{a}_2\sin\theta,\qquad a_2 = \tilde{a}_1\sin\theta+\tilde{a}_2\cos\theta,\qquad a_3 = \tilde{a}_3.$$

$$\tilde{a}_1 = a_1\cos\theta+a_2\sin\theta,\qquad \tilde{a}_2 = -a_1\sin\theta+a_2\cos\theta,\qquad \tilde{a}_3 = a_3.$$

問 3.（1）$\left(\dfrac{5}{\sqrt{2}},\ \dfrac{1}{\sqrt{2}},\ 1\right)$.　（2）$\left(\dfrac{2+3\sqrt{3}}{2},\ \dfrac{3-2\sqrt{3}}{2},\ 1\right)$.

問 4. [ヒント: 曲線 C の O-xyz 系でのベクトル表示: $\boldsymbol{r}(t)$ の接線ベクトル: $\dot{\boldsymbol{r}} = (\dot{x}, \dot{y}, \dot{z})$ に,

$$\dot{x} = x_u\dot{u}+x_v\dot{v}+x_w\dot{w},$$
$$\dot{y} = y_u\dot{u}+y_v\dot{v}+y_w\dot{w},$$
$$\dot{z} = z_u\dot{u}+z_v\dot{v}+z_w\dot{w}$$

を利用し,（u, v, w）系での $\dot{\boldsymbol{r}}$ の成分表示を（$\tilde{a}_1$, $\tilde{a}_2$, $\tilde{a}_3$）として,（15）式と § 15 の（16）式（88ページ）を利用して, $\tilde{a}_1 = \dfrac{1}{g_1}(x_u\dot{x}+y_u\dot{y}+z_u\dot{z})$ $= g_1\dot{u}$ をみちびけ.]

問 5. [ヒント: 前問の結果によって, 2 曲線: C_1, C_2 の $t = t_0$ における接線ベクトルは, それぞれ, つぎの式によってあたえられることを利用せよ:

$$(g_1\dot{u}_1(t_0),\ g_2\dot{v}_1(t_0),\ g_3\dot{w}_1(t_0)),$$
$$(g_1\dot{u}_2(t_0),\ g_2\dot{v}_2(t_0),\ g_3\dot{w}_2(t_0)).\ ]$$

問 6. [ヒント: ベクトル $\boldsymbol{a}$ の O-xyz 系での成分表示を（a_1, a_2, a_3）とすれば, 問 2 の結果によって,

$$a_1 = \tilde{a}_1\cos\psi-\tilde{a}_2\sin\psi,\qquad a_2 = \tilde{a}_1\sin\psi+\tilde{a}_2\cos\psi,\qquad a_3 = \tilde{a}_3.$$

これらを（19）式に代入し, $\varphi = \psi$ であることに注意すればよい.]

$$\tilde{\tilde{a}}_1 = \tilde{a}_1\sin\theta+\tilde{a}_3\cos\theta,\qquad \tilde{\tilde{a}}_2 = \tilde{a}_1\cos\theta-\tilde{a}_3\sin\theta,\qquad \tilde{\tilde{a}}_3 = \tilde{a}_2.$$

さらに, これらの 3 式を, $\tilde{a}_1$, $\tilde{a}_2$, $\tilde{a}_3$ について解けば,

$$\tilde{a}_1 = \tilde{\tilde{a}}_1\sin\theta+\tilde{\tilde{a}}_2\cos\theta,\qquad \tilde{a}_2 = \tilde{\tilde{a}}_3,\qquad \tilde{a}_3 = \tilde{\tilde{a}}_1\cos\theta-\tilde{\tilde{a}}_2\sin\theta.$$

問 7.（1）[ヒント: $\boldsymbol{r} = r\boldsymbol{e}+z\boldsymbol{g}$ であるから, $\boldsymbol{v} = \dot{\boldsymbol{r}} = \dot{r}\boldsymbol{e}+r\dot{\boldsymbol{e}}+\dot{z}\boldsymbol{g}+z\dot{\boldsymbol{g}}$.　ここで, 問 2 の結果を利用して, $\dot{\boldsymbol{e}} = \dot{\theta}\boldsymbol{f}$, $\dot{\boldsymbol{g}} = \boldsymbol{0}$ をみちびけ.]

$$v_r = \dot{r},\qquad v_\theta = r\dot{\theta},\qquad v_z = \dot{z}.$$

（2）[ヒント:（1）の結果から,

$$\boldsymbol{a} = \dot{\boldsymbol{v}} = \ddot{r}\boldsymbol{e}+\dot{r}\dot{\boldsymbol{e}}+(\dot{r}\dot{\theta}+r\ddot{\theta})\boldsymbol{f}+r\dot{\theta}\dot{\boldsymbol{f}}+\ddot{z}\boldsymbol{g}+\dot{z}\dot{\boldsymbol{g}}.$$

ここで, 問 2 の結果を利用して, $\dot{\boldsymbol{e}} = \dot{\theta}\boldsymbol{f}$, $\dot{\boldsymbol{f}} = -\dot{\theta}\boldsymbol{e}$, $\dot{\boldsymbol{g}} = \boldsymbol{0}$ をみちびけ.]

$$a_r = \ddot{r}-r\dot{\theta}^2,\qquad a_\theta = 2\dot{r}\dot{\theta}+r\ddot{\theta},\qquad a_z = \ddot{z}.$$

問 8.（1）[ヒント: $\boldsymbol{r} = r\boldsymbol{e}$ であるから, $\boldsymbol{v} = \dot{\boldsymbol{r}} = \dot{r}\boldsymbol{e}+r\dot{\boldsymbol{e}}$.　ここで,（17）式を利用して, $\dot{\boldsymbol{e}} = \dot{\theta}\boldsymbol{f}+(\sin\theta)\dot{\varphi}\boldsymbol{g}$ をみちびけ.]

$$v_r = \dot{r},\qquad v_\theta = r\dot{\theta},\qquad v_\varphi = r\dot{\varphi}\sin\theta.$$

(2) [ヒント: (1)の結果から,

$$\begin{aligned}\boldsymbol{a} &= \dot{\boldsymbol{v}}\\ &= \ddot{r}\boldsymbol{e} + \dot{r}\dot{\boldsymbol{e}} + (\dot{r}\dot{\theta} + r\ddot{\theta})\boldsymbol{f} + r\dot{\theta}\dot{\boldsymbol{f}}\\ &\quad + \{\dot{r}\sin\theta + (r\cos\theta)\dot{\theta}\}\dot{\varphi}\boldsymbol{g} + (r\sin\theta)\ddot{\varphi}\boldsymbol{g} + (r\sin\theta)\dot{\varphi}\dot{\boldsymbol{g}}.\end{aligned}$$

ここで,(17)式から, $\dot{\boldsymbol{e}} = \dot{\theta}\boldsymbol{f} + (\sin\theta)\dot{\varphi}\boldsymbol{g}$, $\dot{\boldsymbol{f}} = -\dot{\theta}\boldsymbol{e} + (\cos\theta)\dot{\varphi}\boldsymbol{g}$, $\dot{\boldsymbol{g}} = -\boldsymbol{i}(\cos\varphi)\dot{\varphi} + \boldsymbol{j}(-\sin\varphi)\dot{\varphi}$ をみちびき,さらに, $\boldsymbol{e}\sin\theta + \boldsymbol{f}\cos\theta = \boldsymbol{i}\cos\varphi + \boldsymbol{j}\sin\varphi$ に注意して, $\dot{\boldsymbol{g}} = -(\boldsymbol{e}\sin\theta + \boldsymbol{f}\cos\theta)\dot{\varphi}$ をみちびけ.]

$$\begin{aligned}a_r &= \ddot{r} - r\dot{\theta}^2 - r\dot{\varphi}^2\sin^2\theta,\\ a_\theta &= r\ddot{\theta} + 2\dot{r}\dot{\theta} - r\dot{\varphi}^2\sin\theta\cos\theta,\\ a_\varphi &= r\ddot{\varphi}\sin\theta + 2\dot{r}\dot{\varphi}\sin\theta + 2r\dot{\theta}\dot{\varphi}\cos\varphi.\end{aligned}$$

§ 17. 曲線座標系における勾配・回転・発散 (p. 104 ~ p. 105)

問 1. $\operatorname{grad} f = \dfrac{\partial f}{\partial r}\boldsymbol{e} + \dfrac{1}{r}\dfrac{\partial f}{\partial\theta}\boldsymbol{f} + \dfrac{\partial f}{\partial z}\boldsymbol{g}.$

$$\operatorname{rot}\boldsymbol{A} = \left\{\frac{1}{r}\frac{\partial\widetilde{A}_3}{\partial\theta} - \frac{\partial\widetilde{A}_2}{\partial z}\right\}\boldsymbol{e} + \left\{\frac{\partial\widetilde{A}_1}{\partial z} - \frac{\partial\widetilde{A}_3}{\partial r}\right\}\boldsymbol{f} + \frac{1}{r}\left\{\frac{\partial(r\widetilde{A}_2)}{\partial r} - \frac{\partial\widetilde{A}_1}{\partial\theta}\right\}\boldsymbol{g}.$$

$$\operatorname{div}\boldsymbol{A} = \frac{1}{r}\frac{\partial(r\widetilde{A}_1)}{\partial r} + \frac{1}{r}\frac{\partial\widetilde{A}_2}{\partial\theta} + \frac{\partial\widetilde{A}_3}{\partial z}.$$

問 2. (1) $\operatorname{grad} f = \dfrac{1}{\sqrt{x^2+y^2+z^2}}(x\boldsymbol{i} + y\boldsymbol{j} + z\boldsymbol{k}).$

(2) $\operatorname{grad} f = \dfrac{r}{\sqrt{r^2+z^2}}\boldsymbol{e} + \dfrac{z}{\sqrt{r^2+z^2}}\boldsymbol{g}.$ (3) $\operatorname{grad} f = \boldsymbol{e}.$

問 3. (1) r-成分: $\dfrac{\varphi\cos\theta}{r\sin\theta}$, θ-成分: $-\dfrac{\varphi}{r}$, φ-成分: $\dfrac{\theta}{r}$.

(2) x-成分: $\dfrac{\varphi\cos\theta}{r\sin\theta}\sin\theta\cos\varphi - \dfrac{\varphi}{r}\cos\theta\cos\varphi - \dfrac{\theta}{r}\sin\varphi$,

y-成分: $\dfrac{\varphi\cos\theta}{r\sin\theta}\sin\theta\sin\varphi - \dfrac{\varphi}{r}\cos\theta\sin\varphi + \dfrac{\theta}{r}\cos\varphi$,

z-成分: $\dfrac{\varphi\cos\theta}{r\sin\theta}\cos\theta + \dfrac{\varphi}{r}\sin\theta$.

(3) $\operatorname{div}\boldsymbol{A} = 3 + \dfrac{1}{r}\left(1 + \dfrac{\theta\cos\theta + 1}{\sin\theta}\right).$

問 4. [ヒント: (3)式と(9)式によって,

$$\widetilde{A}_1 = \frac{1}{g_1}\frac{\partial f}{\partial u},\quad \widetilde{A}_2 = \frac{1}{g_2}\frac{\partial f}{\partial v},\quad \widetilde{A}_3 = \frac{1}{g_3}\frac{\partial f}{\partial w}.$$

これらを,(9)式に代入すればよい.]

$$\Delta f = \frac{1}{g_1g_2g_3}\left\{\frac{\partial}{\partial u}\left(\frac{g_2g_3}{g_1}\frac{\partial f}{\partial u}\right) + \frac{\partial}{\partial v}\left(\frac{g_3g_1}{g_2}\frac{\partial f}{\partial v}\right) + \frac{\partial}{\partial w}\left(\frac{g_1g_2}{g_3}\frac{\partial f}{\partial w}\right)\right\}.$$

問 5. [ヒント: 問4で求めた式に, $g_1 = 1$, $g_2 = r$, $g_3 = r\sin\theta$ を代入し, $(u, v, w) = (r, \theta, \varphi)$ に注意.]

$$\Delta f = \frac{1}{r^2 \sin\theta}\left\{\frac{\partial}{\partial r}\left(r^2 \sin\theta \frac{\partial f}{\partial r}\right) + \frac{\partial}{\partial \theta}\left(\sin\theta \frac{\partial f}{\partial \theta}\right) + \frac{\partial}{\partial \varphi}\left(\frac{1}{\sin\theta}\frac{\partial f}{\partial \varphi}\right)\right\}$$
$$= \frac{\partial^2 f}{\partial r^2} + \frac{2}{r}\frac{\partial f}{\partial r} + \frac{1}{r^2}\frac{\partial^2 f}{\partial \theta^2} + \frac{1}{r^2 \tan\theta}\frac{\partial f}{\partial \theta} + \frac{1}{r^2 \sin^2\theta}\frac{\partial^2 f}{\partial \varphi^2}.$$

問 6. [ヒント: 問4で求めた式に，$g_1 = 1$，$g_2 = r$，$g_3 = 1$ を代入し，$(u, v, w) = (r, \theta, z)$ に注意.]

$$\Delta f = \frac{\partial^2 f}{\partial r^2} + \frac{1}{r}\frac{\partial f}{\partial r} + \frac{1}{r^2}\frac{\partial^2 f}{\partial \theta^2} + \frac{\partial^2 f}{\partial z^2}.$$

7 物理学への応用

§ 18. 流体力学 (p. 113 〜 p. 114)

問 1. [ヒント: $-\dfrac{\partial H}{\partial t} = -\iiint_V \sigma\rho \dfrac{\partial u}{\partial t}\, dV.$

また，ガウスの発散定理 (72ページ) と § 12 の (21) 式 (61ページ) によって，

$$\iint_S \boldsymbol{v}\cdot\boldsymbol{n}\, dS = -k\iint_S (\mathrm{grad}\ u)\cdot\boldsymbol{n}\, dS$$
$$= -k\iiint_V \mathrm{div\ grad}\ u\, dV = -k\iiint_V \Delta u\, dV.$$]

問 2. [ヒント: $\dfrac{\partial \rho}{\partial t} = 0$ に注意し，(5) 式と積の発散の公式 (57ページ) を利用せよ.]

問 3. [ヒント: (i) については，$\mathrm{div}\ \boldsymbol{v} = 0$ をしめせばよい.
(ii) については，$\mathrm{rot}\ \boldsymbol{v} = \boldsymbol{0}$ をしめせばよい． (iii) については，$\mathrm{grad}\ \varPhi = \boldsymbol{v}$ をみたす $\varPhi$ を求めればよい.] c は任意定数.

(1) $\varPhi = x^2 y - \dfrac{1}{3}y^3 + c.$　　(2) $\varPhi = x^3 y - xy^3 + c.$

(3) $\varPhi = \dfrac{1}{2}\log(x^2 + y^2) + c.$　　(4) $\varPhi = \tan^{-1}\dfrac{y}{x} + c.$

問 4. $p + \dfrac{1}{2}\rho v^2 + \rho g z = \mathrm{const.}$

問 5. [ヒント: 内積の勾配の公式 (57ページ) において，$\boldsymbol{a} = \boldsymbol{b} = \boldsymbol{v}$ とおけ.]

§ 19. 電磁気学 (p. 118 〜 p. 119)

問 1.

(1) [ヒント: § 11 の問1の (6) (56ページ) 参照.]

(2) [ヒント: § 9 の例1 (47ページ) 参照.]　$f = \displaystyle\sum_{i=1}^{n} \frac{q_i}{r_i}.$

(3) [ヒント: $\mathrm{div\ grad} = \Delta$ に注意.]

問 2. [ヒント: (5)式において, $r = (a^2 + h^2)^{\frac{1}{2}}$,
$\boldsymbol{r} = a(\cos\theta\cdot\boldsymbol{i} + \sin\theta\cdot\boldsymbol{j}) + h\boldsymbol{k}$, $d\boldsymbol{r} = a(-\sin\theta\cdot\boldsymbol{i} + \cos\theta\cdot\boldsymbol{j})\,d\theta$
とおけることに注意.]

$$\boldsymbol{H}_{\mathrm{P}} = \frac{a^2 I}{2(a^2 + h^2)^{\frac{3}{2}}}\boldsymbol{k}.$$

問 3. [ヒント: (∗)の最初の 2 式を t について偏微分し, rot rot の公式(58ページ)を利用せよ.]

問 4. [ヒント: (∗)の最初の 2 式の証明には, (∗∗∗)の両式を t について偏微分し, rot rot の公式(58ページ)と rot grad の公式(58ページ)を利用すればよい. (∗)のあとの 2 式の証明には, div rot の公式(58ページ)を利用すればよい.]

問 5. [ヒント: 外積の発散の公式(57ページ)を利用して, $\mathrm{div}\,(\boldsymbol{E}\times\boldsymbol{H}) = (\mathrm{rot}\,\boldsymbol{E})\cdot\boldsymbol{H} - \boldsymbol{E}\cdot(\mathrm{rot}\,\boldsymbol{H})$ に注意し, (∗)の最初の 2 式を利用せよ.]

ギリシャ文字

この本では，ギリシャ文字を使うことをできるだけさけたが，慣用的に使用される場合などもあって，ギリシャ文字の使用はさけがたい． そこで，ギリシャ文字についての必要事項をのせておく．

	大文字	小文字	対応する英文字	英語名（英式）	発音（英式）
1	A	α	a	alpha	[ǽlfə]
2	B	β	b	beta	[bí:ta]
3	Γ	γ	g	gamma	[gǽmə]
4	Δ	δ	d	delta	[déltə]
5	E	ε	e	epsilon	[ipsáilən, épsilɔn]
6	Z	ζ	z	zeta	[zí:tə]
7	H	η	e	eta	[í:ta]
8	Θ	θ, ϑ	th	theta	[θítə]
9	I	ι	i	iota	[aióutə]
10	K	κ	k	kappa	[kǽpə]
11	Λ	λ	l	lambda	[lǽmdə]
12	M	μ	m	mu	[mju:]
13	N	ν	n	nu	[nju:]
14	Ξ	ξ	x	xi	[ksi:, (g) zai]
15	O	o	o	omicron	[o (u) máikrən]
16	Π	π	p	pi	[pai]
17	P	ρ	r	rho	[rou]
18	Σ	σ, ς	s	sigma	[sígmə]
19	T	τ	t	tau	[tau, tɔ:]
20	Υ	υ	y (u)	upsilon	[ju:psáilən, jú:psilɔn]
21	Φ	ϕ, φ	ph	phi	[fai]
22	X	χ	ch	chi	[kai]
23	Ψ	ψ, ψ	ps	psi	[(p) sai]
24	Ω	ω	ō	omega	[óumigə, ɔ́migə]

索　引

あ　行

か　行

さ　行

た 行

な 行

は 行

ま　行

や　行

ら　行

水本久夫（みずもとひさお） 略歴

1953年　金沢大学理学部数学科卒業
1958年　東京工業大学大学院理工学研究科
　　　　博士課程修了（理学博士）
　　　　東京工業大学助手
1961年　岡山大学助教授
1966年　岡山大学教授
1977年　広島大学教授（総合科学部）
1991年　広島大学名誉教授
　　　　川崎医療福祉大学教授
2001年　川崎医療福祉大学名誉教授

主要著書

多様体上の差分法（教育出版，1973）
工業数学（Ⅰ）（森北出版，1976）
工業数学（Ⅱ）（森北出版，1977）
関数論（朝倉書店，1979）
エンジニアリングサイエンスのための有限要素法
　理論篇，プログラム篇（共著，森北出版，1982）
ラプラス変換入門（森北出版，1984）
FORTRANによる境界要素法の基礎
　（共著，サイエンス社，1985）
FORTRANによる数値計算法入門
　（共著，近代科学社，1986）
パソコンによる数値計算法入門
　（共著，近代科学社，1986）
教養数学の基礎（培風館，1987）
解析学の基礎（培風館，1989）
線形代数学問題集 改訂版（培風館，1990）
微分積分と線形代数の基礎（培風館，1992）
微分方程式の基礎（培風館，1992）
微分積分学の基礎 改訂版（培風館，1993）
統計の基礎（培風館，1994）
微分積分学問題集 改訂版（培風館，1994）
基本線形代数（培風館，1995）
有限要素法へのいざない（培風館，1995）
基本微分積分（培風館，1996）
複素関数論の基礎（培風館，1996）
線形代数学の基礎 三訂版（培風館，2000）

2001年 3月27日　初版発行
2016年 2月22日　初版第12刷発行

ベクトル解析の基礎

著　者　水本久夫
発行者　山本　格

発行所　株式会社　培風館
東京都千代田区九段南4-3-12・郵便番号102-8260
電話(03)3262-5256(代表)・振替00140-7-44725

前田印刷・牧製本

PRINTED IN JAPAN

ISBN978-4-563-00589-4 C3041